Telefon, Fax & Co.

MODULA
SIGNO

Tobias Pehle

Telefon, Fax & Co.

installieren und optimal nutzen

FALKEN

PHILIPS
Alpha
2ABC
3DEF
4GHI
5JKL
6MN
7PRS
8TUV
9WXY
0OQZ
PHILIPS
ALKALINE
MADE IN BELGIUM
PHILIPS
0% Hg
PHILIPS
ALKALINE

Inhalt

Das Telefonnetz

Das Telefonnetz ist das älteste und nach wie vor meistgenutzte Kommunikationsnetz. Ursprünglich nur für die Sprachübertragung konzipiert, bekam es Mitte der achtziger Jahre mit der steigenden Teilnehmerzahl im Telefaxdienst eine neue Bedeutung. Das Telefax machte die Übermittlung von Texten für jedermann erschwinglich und löste den Fernschreiber (Telex) ab.

Telex lebt im Bildschirmtext weiter. BTX ist eine Form von Computer-Kommunikation, mit der man etwa seine Bankgeschäfte bequem daheim erledigen kann (Homebanking). Die Telekom bietet BTX als eigenes Datennetz über den Leitungsweg des Telefonnetzes an. Im Verbund von Computer und Modem kann man heute außerdem über das Telefonnetz weltweite Datenautobahnen wie CompuServ oder Internet ansteuern und gezielt Anschluß an andere Computer finden (Datenfernübertragung).

Alte und neue Telefone unterscheiden sich nicht nur durch das Design, sondern auch durch die Technik

Moderne Telefone lassen sich vom Impuls-Wahlverfahren auf Mehrfrequenz-Wahlverfahren umschalten

Modernisierung bringt immer mehr Leistung

Das Telefonnetz besteht aus verschiedenen Ortsnetzen, die über Vermittlungsknoten miteinander verbunden sind. Die Telekom hat diese Vermittlungsstellen nach und nach digitalisiert; das ursprünglich analoge Netz wandelt sich zu einem digitalen. Damit eröffnen sich vielfältige neue Nutzungsformen und Dienste, vor allem aber ist eine deutliche Steigerung der Übertragungsqualität zu verzeichnen.

Digitale und analoge Übertragungstechnik

Bei der analogen Technik sind die Sinuswellen, die als elektrische Signale durch das Leitungsnetz geschickt werden, ein genaues Abbild der Schallwellen. Bei der digitalen Übertragungstechnik werden die Wellen abgetastet und in elektrische Impulse verwandelt. Diese Digitalisierung erfolgt im Telefonnetz an den Netzknoten. Dort laufen die verschiedenen Leitungen zusammen. Von hier bis zum Teilnehmer arbeitet das Telefonnetz auf analoger Basis, zwischen Netzknoten digital. Werden auf der gesamten Strecke – vom Teilnehmer zum Netzknoten – Informationen digital übertragen, spricht man von ISDN (Integrated Service Digital Network – integriertes digitales Servicenetz).

Die Wahlverfahren

Die Modernisierung betrifft nicht nur die Übertragungstechnik, sondern auch den Verbindungsaufbau, in der Fachsprache Wahlverfahren genannt. Beim herkömmlichen Impuls-Wahlverfahren (IWV) wird bei jeder gewählten Ziffer eine bestimmte Anzahl elektrischer Impulse ausgelöst. Beim modernen Mehrfrequenz-Wahlverfahren hingegen sind jeder Ziffer zwei bestimmte Frequenzen zugewiesen.

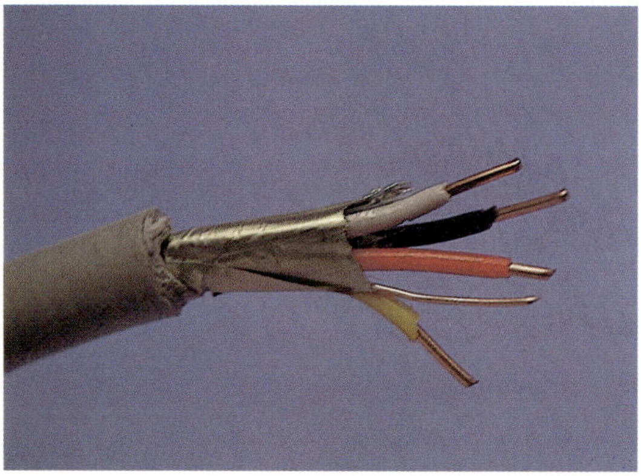

Über die verschiedenen Adern eines Telefonkabels kann man mehrere Telefone oder Zusatzgeräte anschließen

Ein Doppelanschluß ermöglicht komfortables Telefonieren oder getrennten Telefon- und Faxbetrieb

Das Mehrfrequenz-Wahlverfahren (MFW) ermöglicht auch bei analogen Endgeräten Servicefunktionen digitaler Endgeräte. Dazu zählen zum Beispiel »Anklopfen« und »Makeln«. Wenn während eines Telefonats ein weiterer Anruf ankommt, wird dies akustisch signalisiert (Anklopfen). Man unterbricht das laufende Gespräch, nimmt den zweiten Anruf entgegen und wendet sich dann wieder dem ersten Gesprächsteilnehmer zu (Makeln).

Darüber hinaus lassen sich bestimmte Anwendungen aber erst mit dem Mehrfrequenz-Wahlverfahren nutzen. Die Fernabfrage-Funktion von Anrufbeantwortern etwa oder die direkte Anwahl von Cityruf-Teilnehmern funktionieren nur auf dieser Basis.

Mehrfrequenz-Wahlverfahren sind noch nicht überall verfügbar. Auskunft darüber erteilt die Telekom.

Das Telefon-Leitungsnetz

Üblicherweise besteht das Leitungsnetz aus Kupferleitungen, die in einem speziellen Telefonkabel zusammengefaßt sind. Der schützende PVC-Mantel weist mindestens vier, häufig aber auch sechs oder mehr einzeln verdrillte Kupferadern auf. Die Grundfarben sind dabei weiß, schwarz, rot und gelb. Da jedoch in der Regel immer nur zwei Adern für einen Telefonanschluß benötigt werden, können deshalb über ein Telefonkabel mindestens zwei Amtsleitungen betrieben werden.

Für große Datenmengen, wie sie z. B. bei Videokonferenzen anfallen, sind herkömmliche Telefonkabel nicht geeignet. Deshalb rüstet die Telekom das bestehende Netz langfristig auf moderne Glasfaserkabel um. Damit werden statt elektrischer Impulse Lichtwellen übertragen. Diese Technik zeichnet sich durch hohe Übertragungskapazitäten, geringe Leitungsdurchmesser und niedrige Netzkosten aus.

Der Telefonanschluß

Um ein Telefon zu bekommen, muß man der Telekom einen Auftrag zur »betriebsfähigen Bereitstellung von Telefonanschlüssen« erteilen. Diese montiert die Anschlußdose, stellt die Verbindung zum Netz her, vergibt eine Rufnummer und nimmt den Teilnehmer ins Telefonverzeichnis auf. Mit dieser Amtsleitung lassen sich zwar Endgeräte wie Telefon, Anrufbeantworter, Fax und Computermodem betreiben – komfortabler sind jedoch zwei Amtsleitungen: der sogenannte Doppelanschluß. Momentan liegen die Monatsgebühren dafür nur unwesentlich höher, allerdings hat die Telekom eine Erhöhung bereits angekündigt.

Zwei Amtsleitungen sind nützlich, wenn mehrere Personen in einem Haushalt wohnen oder wenn man regelmäßig ein Faxgerät nutzt. Der

Alle Endgeräte, die mit einem TAE-Stecker ausgerüstet sind, können von jedem Benutzer ans Netz angeschlossen werden

zweite Anschluß wird dann dem Faxgerät zugewiesen – das lästige Um- oder Anschalten der Faxbereitschaft entfällt. Sinnvoll ist ein zweiter Anschluß auch, wenn ein Büro in den heimischen vier Wänden untergebracht ist.

Seit dem Ende des Postmonopols 1990 darf jeder so viele Endgeräte an einer Amtsleitung betreiben, wie er möchte. Ohne Genehmigung kann man ein weiteres Telefon anschließen. Man muß nicht einmal mehr den Betrieb von Zusatzgeräten wie Telefax oder Anrufbeantworter anmelden, geschweige denn zusätzliche Gebühren bezahlen. Einzige Voraussetzung ist, daß die Geräte »postzugelassen« sind. Darunter fallen alle Geräte, die ein amtliches Zulassungszeichen tragen.

Diese Postzulassung vergibt das Zentralamt für Zulassungswesen. Die Bezeichnung lautet ZZF (früher FTZ). Die Zulassungsnummer besteht aus einem Buchstaben – in der Regel »A« für »allgemeine Zulassung«, dann folgen sechs Ziffern und zum Schluß wieder ein Buchstabe, der das Jahr der Zulassung in codierter Form bezeichnet. Beim Kauf von Geräten ist unbedingt darauf zu achten, daß diese postzugelassen sind. Ein nicht zugelassenes Gerät kann Störungen im Netz verursachen. Schnurlose Telefone z. B., die mit einer viel zu hohen Sendeleistung arbeiten, beeinträchtigen andere funkverbundene Kommunikationseinrichtungen. Ermittelt die Telekom einen Betreiber nicht zugelassener Geräte an ihrem Netz, drohen Strafverfahren und Geldbuße.

Geräte, die in Deutschland am Telefonnetz betrieben werden, müssen über eine entsprechende Zulassung verfügen

Das Telefonnetz: die Vor- und Nachteile

+	Größtes Kommunikationsnetz
+	Zahlreiche Anwendungen
+	Preiswerte Endgeräte
+	Geringe Grundgebühren
+	Interner Netzausbau einfach und preiswert
–	analoge Endgeräte (keine optimale Qualität)
–	viele Dienste kosten extra (z. B. BTX)
–	geringe Übertragungskapazität

Netzgebundene Telefone

Konnte man sich früher gerade einmal aussuchen, ob das Telefon beige, blau oder grün sein sollte, so ist das Angebot an netzgebundenen Telefonen heute fast unüberschaubar. Die Apparate unterscheiden sich nicht mehr nur im Design. Je nach Ausstattung bieten sie unterschiedlich viele Komfortfunktionen.

Qualität hat ihren Preis

Bei ähnlichem Gehäuseaufbau und annähernd gleicher Ausstattung differieren die Anschaffungskosten der angebotenen Geräte oft ganz erheblich. In der Regel sind diese Preisunterschiede aber gerechtfertigt, wenn man die Qualitäts- und Leistungsunterschiede genau unter die Lupe nimmt.

Das beginnt schon bei Material und Verarbeitung. Beim Kauf gilt es darauf zu achten, daß das Telefon hochwertige, also kratzfeste und leicht zu reinigende Oberflächen aufweist. Die Leitungen sollten fest und sicher sitzen, am Gerät nichts klappern oder schief montiert sein.

Für die tägliche Handhabung ist die Ergonomie von Tastatur und Hörer entscheidend. Häufig benutzte Tasten, vor allem im Ziffernblock, sollten groß und gut zu finden sein – das hilft Wählfehler zu vermeiden. Wichtig ist ein spürbarer Druckpunkt, der versehentliches Wählen durch ungeschickte Bewegungen erschwert. Der Abstand zwischen den Tasten sollte breit genug sein, damit auch Menschen mit größeren Fingerkuppen sie bedienen können.

Beim Hörer kommt es auf Form und Gewicht an. Er sollte sich leicht und bequem abheben lassen und gut in der Hand liegen. Beim Gewicht gilt: je leichter, desto unbeschwerter läßt sich längere Zeit telefonieren. Generell sind Hörer mit integriertem Tastenblock schwerer als solche, bei denen der Hörer nur für Sprechen und Hören ausgelegt ist. Wenn sich die Tastatur im Hörer befindet, sollte man darauf achten, daß während des Telefonierens nicht versehentlich Tasten gedrückt werden können.

Die Qualität – Material, Verarbeitung und Ergonomie – kann man gut beim Gerätekauf vor Ort prüfen. Ein kleiner Praxistext trennt die Spreu

vom Weizen. Auch wenn das Gerät nicht angeschlossen ist, sollte man einmal ein paar Tasten drücken und den Hörer in die Hand nehmen.

Weniger offensichtlich sind innere Qualitäten. Wie bei allen elektronischen Geräten gibt es auch bei Telefonen erhebliche technische Unterschiede. Höherwertige Bausteine liefern eine bessere Sprachqualität, sorgen für einen störungsfreien Verbindungsaufbau und sichern langfristig die Betriebsbereitschaft.

Die technischen Beschreibungen der Gerätehersteller geben über das Innenleben allerdings nur wenig Aufschluß. Hier ist man auf geschultes Verkaufspersonal angewiesen. Hilfestellung bieten außerdem Fachzeitschriften mit ihren »Bestenlisten«. Grundsätzlich ist von No-Name-Produkten abzuraten. Tests haben gezeigt, daß, wer zum Markenprodukt greift – und dazu zählt vor allem das Angebot der Telekom – sich meist auf der sicheren Seite bewegt. Allerdings sind die Markenprodukte nicht gerade die billigsten.

Das richtige Telefon für den richtigen Zweck

Netzgebundene Telefone unterscheiden sich ganz erheblich in ihrer Ausstattung. Während manche Modelle nur Wählen, Hören und Sprechen erlauben, bieten Komforttelefone zahlreiche Zusatzfunktionen. Besonders reichhaltig ausgestattete Geräte mit großem Display und zahlreichen Speicherfunktionen gleichen dabei eher einem Computer als einem Telefon.

Zur Standardausstattung zählen heute neben der Wahlwiederholung mindestens drei Direkt- und zwölf Kurzwahlmöglichkeiten. Außerdem sollte sich das Gerät zwischen Mehrfrequenz- und Impuls-Wahlverfahren umstellen lassen. Welche weiteren Ausstattungsmerkmale sinnvoll sind, hängt von Art und Häufigkeit der Nutzung ab. Telefone, die in einem Schlafzimmer angeschlossen sind, müssen nicht das Leistungsspektrum erfüllen, das Tag für Tag geschäftlich genutzten Geräten abverlangt wird.

Beim Betrieb mehrerer Telefone sollte man ein zentral installiertes Komforttelefon als Hauptgerät wählen, das aus den wichtigsten Räumen

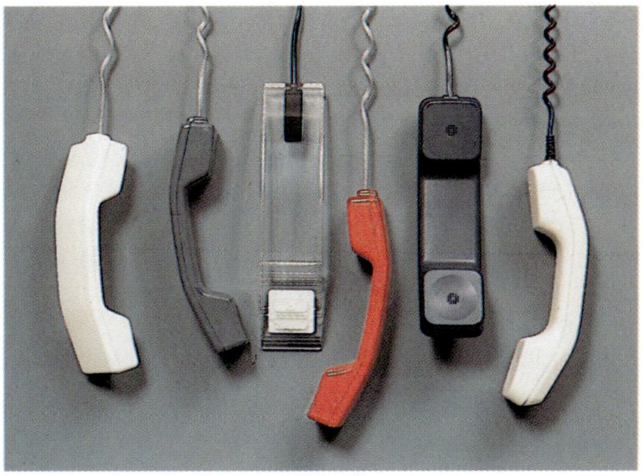

Bei den Telefonhörern kommt es darauf an, daß sie gut in der Hand liegen und nicht zu schwer sind

Komforttelefone bieten viele sinnvolle Ausstattungsmerkmale wie Freisprechen oder umfangreiche Rufnummernspeicher

Kombinationsgeräte aus Telefon und Anrufbeantworter sparen nicht nur Platz, sondern ermöglichen spezielle Funktionen

leicht zu erreichen ist. Dieses Telefon sollte einen erweiterten Rufnummernspeicher und einen separaten Hörer (getrennter Tastaturblock) haben und gut zu bedienen sein.

Wenn kleine Kinder im Haus sind, ist eine Babyruf-Funktion sinnvoll. Für ältere und sehbehinderte Menschen gibt es leicht bedienbare Telefone mit besonders großen Tasten. Hörgeschädigte hingegen können zu Geräten greifen, die über einen eingebauten Hörverstärker oder spezielle Hörer für Hörgeräte verfügen.

Die Ausstattungsmerkmale

1 **Ziffernblock**

Tasten haben die klassische Wählscheibe ersetzt. Sie dienen nicht nur zur Anwahl eines Gesprächsteilnehmers, sondern lösen in Kombination mit anderen Tasten wie Ziel- oder Kurzwahl bestimmte Funktionen aus. Außerdem werden sie meist zur Programmierung benötigt.

***** **#** **Sternchen/Raute**

Im Regelbetrieb ohne Bedeutung. Die Tasten werden allerdings bei bestimmten Funktionen und Diensten benötigt, z. B. im Rahmen von Bildschirmtext.

Wahlwiederholung

Gehört zur Standardausstattung. Durch Tastendruck wird die zuletzt eingetippte Rufnummer noch einmal gewählt. Bei der erweiterten Wahlwiederholung ist dies auch der Fall, wenn zwischenzeitlich ein anderes Gespräch entgegengenommen wurde. Bei einigen Komforttelefonen erfolgt die Wahlwiederholung auf Wunsch automatisch, wenn die Leitung belegt ist. Die Zeitspanne, nach der die Wahlwiederholung ausgelöst wird, ist programmierbar. Die Wahlwiederholung wird über einen Lautsprecher akustisch signalisiert.

Stummtaste

Durch erstmaliges Drücken dieser Taste wird die Zuleitung vom Mikrophon zur Amtsleitung unterbrochen. Ein zweiter Druck auf die Taste stellt die Verbindung wieder her. Die Stummtaste ist sinnvoll, wenn man während des Telefonats mit einer anderen Person im Raum sprechen möchte, ohne dabei vom Gesprächsteilnehmer gehört zu werden.

Umschaltbares Wahlverfahren

Das Telefon ist für Impuls- wie für Mehrfrequenz-Wahlverfahren ausgelegt. Komforttelefone erlauben bei eingestelltem Impuls-Wahlverfahren auch eine kurzzeitige Umstellung auf Mehrfrequenz-Wahlverfahren. So wird etwa eine separate Fernabfrage für Anrufbeantworter überflüssig.

Kurzwahl

Speicherfunktion für oft benötigte Rufnummern. Bei der Programmierung kann jeder Zahl des Ziffernblocks eine bestimmte Rufnummer zugewiesen werden. Die Rufnummer wird automatisch angewählt, wenn nach dem Abheben des Hörers Kurzwahltaste plus Kurznummer gedrückt werden.

Zielwahl

Auch Namenswahl genannt. Komfortable Form der Kurzwahl. Durch Betätigen der Direktwahltaste wird eine zuvor programmierte Telefonnummer gewählt.

061 **Display**

Anzeigenfeld, ähnelt dem eines Taschenrechners. Je nach Ausstattung wird nicht nur die gerade gewählte Rufnummer angezeigt, sondern auch programmierte Zusatzinformationen wie der Name des Teilnehmers oder die laufenden Gebühreneinheiten. Bei einigen Telefonen zeigt das Display im Ruhezustand Datum und Zeit an. Außerdem dient es als Kontrollfeld beim Programmieren.

P **Pause**

Wichtig beim Betrieb im Rahmen einer Nebenstellenanlage. Meistens muß eine Vorwahl eingegeben werden, um ein Amt zu bekommen (oft »0«). Erst nach einer kurzen Pause kann die eigentliche Rufnummer gewählt werden. Bei Anwahl oder Programmierung von Direkt- und Zielwahlnummern wird die für die Amtsholung notwendige Pause beim Wählen durch die Pausentaste eingefügt.

Blockwahl

Zuerst wird die Rufnummer eingetippt. Bei Abnahme des Hörers wird dann die Anwahl ausgelöst. Nur sinnvoll, wenn die Nummer über ein Display angezeigt wird.

Freisprechen

Ein in das Gehäuse integriertes Mikrophon und ein Lautsprecher ermöglichen Telefonieren ohne Hörer. Dabei wird allerdings meist nicht die Sprachqualität erreicht, die das Telefonieren mit dem Hörer bietet.

Regelbare Lautstärke

Regler für die Wiedergabe über den eingebauten Lautsprecher. In der Regel zwei Tasten, die mit »+«- oder »-«-Symbolen gekennzeichnet sein können.

Telefonhörer abnehmen

Nur in Verbindung mit Blockwahl und Lautsprecher beziehungsweise Freisprechen. Nach Wahl bei aufliegendem Hörer wird durch Betätigen dieser Taste die Anwahl ausgelöst. Die Anwahl wird dabei über den internen Lautsprecher akustisch signalisiert.

Trenntaste

Beendet die Verbindung, ohne daß der Hörer aufgelegt werden muß. Standardfunktion bei Telefonhörern mit integriertem Ziffernblock. Sinnvoll vor allem aber auch im Zusammenspiel mit Freisprechen.

Wahlkorrektur

Nur in Verbindung mit Blockwahl und Display. Auf Tastendruck werden die bereits eingetippten Ziffern jeweils einzeln von hinten nach vorn gelöscht.

Set-Taste

Taste, die Programmierfunktionen auslöst wie z. B. Zuordnung von Rufnummern und Kurzwahltasten.

Notizbuch

Komfortfunktion, die es erlaubt, während eines Telefonats eine Rufnummer abzuspeichern – z. B. während eines Gesprächs mit der Auskunft. Nach Drücken der Notizbuch-Taste kann die Nummer direkt über den Ziffernblock eingegeben werden. Nach Beendigung des Gesprächs löst die Wahlwiederholungstaste die Anwahl der notierten Rufnummer aus.

Direktruf/Babyruf

Programmierfunktion für eine bestimmte Rufnummer, die automatisch angewählt wird, ganz gleich, welche Taste des Ziffernblocks gedrückt wird. Sinnvoll, wenn man kleine Kinder hat, die noch keine Ziffern kennen.

Wahlsperre

Das Telefon kann »nicht amtsberechtigt« geschaltet werden. Externe Gespräche sind dann unmöglich. Sinnvoll als Kindersicherung. Besonders komfortabel ausgestattete Geräte erlauben eingeschränkte Wahlsperren, zum Beispiel für teure 0190- oder internationale Nummern. Die Sperre ist frei programmierbar und wird mit einem Code versehen.

Gebührenzähler

Nur bei Telefonen mit Display möglich. Auf Tastendruck werden die Gebühreneinheiten für das gerade laufende Telefonat oder auch die über einen bestimmten Zeitraum aufgelaufenen Einheiten angezeigt. Für diese Funktion ist ein Zählimpuls der Telekom notwendig, der gesondert beantragt werden muß und zusätzliche monatliche Gebühren kostet.

ANIS-Funktion (Butler)

Ein Paket von Sonderfunktionen, das nur mit zwei Amtsleitungen möglich ist und das bei der Telekom gesondert beantragt werden muß. Es ermöglicht Makeln – also das Hin- und Herschalten zwischen zwei externen Gesprächsteilnehmern oder auch Dreierkonferenzen. Das Telefon benötigt dazu eine sogenannte Hook-Flash-Taste. Verbindliche Auskunft, ob ANIS möglich ist, erteilt das örtliche Fernmeldeamt.

Regelbare Ruftonfolge

Die Pausen zwischen den einzelnen Klingelzeichen und deren Lautstärke lassen sich variieren. Dies kann zum Beispiel sinnvoll sein, wenn das Telefon über eine Haustelefonanlage im Zusammenspiel mit einer Türklingel betrieben wird.

Schnurlose Telefone

Schnurlose Telefone erlauben maximale Bewegungsfreiheit beim Telefonieren in den eigenen vier Wänden oder im Garten. Vom Mobilteil aus stellen Funksignale eine Verbindung zur Basisstation her, die an das Telefonnetz angeschlossen ist. Die Reichweite beträgt bis zu 200 Meter in offenem Gelände. In Gebäuden hat man auf mindestens 50 Meter Distanz guten Empfang.

Mobilfunktelefone haben zwar eine größere Reichweite, sie stellen die Verbindung aber nicht zu einer Basisstation, sondern zu einem externen Funkknotenpunkt her. Dies ist mit höheren Gebühren verbunden als der Betrieb eines schnurlosen Telefons, der mit den gleichen Gebühren abgerechnet wird wie die Gesprächsführung von einem netzgebundenen Telefon.

Die Basisstationen

Die Basisstation wird an das Telefon- und an das Stromnetz angeschlossen. Sie dient nämlich nicht nur zum Senden und Empfangen der Funksignale, sondern auch als Ladestation für die Akkus, mit denen das Mobilteil betrieben wird. Dazu steckt man das Mobilteil in die Ladestation. Viele Ladestationen können darüber hinaus einen Ersatzakku gesondert laden. Leuchtdioden signalisieren dabei den Ladezustand. Außerdem verfügen alle modernen Basisstationen über eine »Paging«-Taste. Ein Tastendruck löst am Mobilteil ein Rufsignal aus, das das Wiederfinden »verlegter« Mobilteile erleichtert. Viele Hersteller bieten besser ausgestattete Basisstationen an. Sinnvoll ist eine Freisprecheinrichtung, über die man von der Basisstation aus mit dem Mobilteil-Träger sprechen kann.

An einigen Basisstationen können mehrere Mobilteile betrieben werden. »Multilink« nennt sich diese Technik bei analogen Geräten. Verbindungen können dabei allerdings nur zur Basisstation, nicht aber zwischen den Mobilteilen aufgebaut werden. Hierfür benötigt man schnurlose Telefone mit digitaler Technik. In der EU hat man sich dabei auf einen einheitlichen digitalen Standard geeinigt, den »DECT«-Standard. DECT steht für Digital European Cordless Telecommunication.

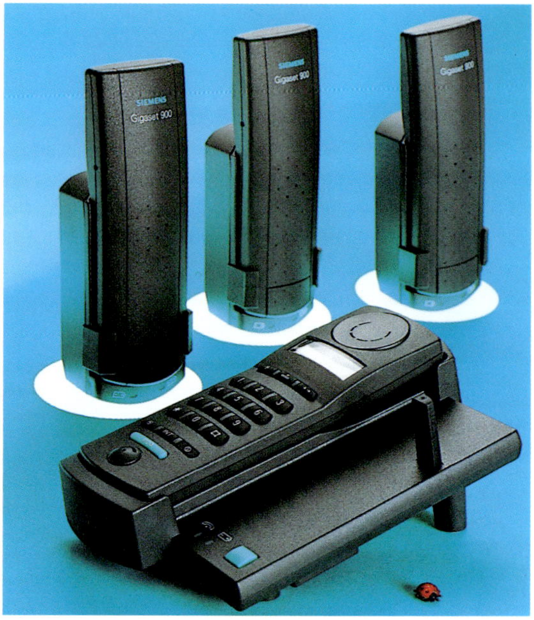

Digitale Schnurlostelefone bieten den Komfort einer kleinen Nebenstellenanlage, z. B. interne Gesprächsführung

Nicht nur, daß bei diesen teureren Systemtelefonen die Sprachqualität weitaus besser ist als bei analogen: Digitale Basisstationen können die Aufgaben von Haustelefonanlagen übernehmen. So lassen sich zwei Amtsleitungen und weitere Endgeräte (Anrufbeantworter) anschließen.

Die digitale Technik bietet vielfältige Möglichkeiten. In größeren Gebäudekomplexen können die Mobilteile mit mehreren Basisstationen zusammenarbeiten. In einem fünfstöckigen Haus könnten je eine Basisstation im zweiten und im vierten Stock dafür sorgen, daß man beim Treppensteigen vom Keller bis zum Dachgeschoß ein Gespräch ohne Unterbrechung führen kann.

Die Mobilteile

Mobilteile unterscheiden sich vor allem durch ihr Gewicht und ihre Ergonomie. Die jüngste Generation verfügt über ein Display und alle Funktionen eines netzgebundenen Telefons wie Wahlwiederholung oder Kurzwahl. Das Display informiert nicht nur über die gewählte Nummer, sondern auch über den Ladezustand des Akkus.

Wenn der Strom auszugehen droht, wird dies optisch und akustisch signalisiert. Vor allem digitale Mobilteile bieten die Funktionsmerkmale von Komforttelefonen wie Wahlsperre, verschiedene Ruftonarten oder Notizfunktion.

Beim Kauf sollte man darauf achten, daß die Mobilteile angenehm in der Hand liegen und sich die Zifferntasten gut bedienen lassen. Außerdem sollte man prüfen, ob und wie sich die Tasten gegen versehentliches Drücken schützen lassen. Einige Mobiltelefone lassen sich platzsparend zusammenklappen.

Nicht vernachlässigen sollte man die Dauer der Betriebsbereitschaft bzw. der Sprechzeit pro geladenem Akku. Ältere Geräte benötigen schon nach einigen Stunden wieder Strom von der Basisstation. Die jüngste Generation wiederaufladbarer Batterien hält hingegen das Mobilteil über 50 Stunden in Betriebsbereitschaft.

Die Bedienung ähnelt der festinstallierter Telefone. Allerdings gibt es auch Unterschiede. Ankommende Gespräche werden je nach Gehäuseart durch Aufklappen der Schutzklappe oder durch Drücken einer speziellen Taste entgegengenommen. Diese Taste ist in der Regel durch das Symbol eines Telefonhörers gekennzeichnet.

In puncto Abhörsicherheit hat sich vieles zum Guten gewendet. Moderne Mobiltelefone, vor allem auf digitaler Basis, gelten als abhörsicher. Dies war bei schnurlosen Telefonen der ersten Generation nicht gewährleistet. Auch Störungen durch andere Nutzer von schnurlosen oder mobilen Telefonen, wie sie bei älteren Geräten immer wieder zu verzeichnen waren, sind heute bei Markengeräten die Ausnahme.

Die Preisunterschiede

Generell gilt: Schnurlose Telefone, die auf digitaler Basis arbeiten, sind teurer als analoge. Und: Je leichter, kleiner und handlicher, desto teurer sind sie. Gerätebeschreibungen bieten selten Entscheidungshilfen. Preiswertere Mobilfunktelefone zeigen große Unterschiede in der verwendeten Elektronik oder der Sprachübertragung. Billigtelefone können rauschen oder unnatürliche Hall-Effekte produzieren.

Je kleiner und leichter die schnurlosen Telefone sind, desto teurer sind sie auch

Kombigeräte aus Schnurlostelefon und Anrufbeantworter bieten sich vor allem für kleine Wohnungen an

Digital aufgebaute Geräte bieten verläßliche Qualität, allerdings zu einem hohen Preis. Bei auffällig günstigen Geräten oder Sonderangeboten empfiehlt sich eine Fachberatung oder der Blick in eine Testzeitschrift. Die Tests der Fachredaktionen haben übrigens gezeigt, daß auch preisgünstige schnurlose Telefone teureren Geräten nicht zwangsläufig nachstehen müssen.

Keinesfalls sollte man sich dazu verleiten lassen, von der Post nicht zugelassene schnurlose Telefone zu benutzen. Solche Geräte, die im Handel meist mit dem Vermerk »nur für den Export« angeboten werden, bieten nicht nur keine Betriebs- und Abhörsicherheit, sondern können auch den Empfang von anderen schnurlosen oder mobilen Telefonen stören.

TAE-Dosen, an die ein Telefon angeschaltet werden soll, müssen über eine »F«-Codierung verfügen

Dosen zum Anschluß von Telefonen und Zusatzgeräten mit NFN-Codierung lassen sich universell einsetzen

TAE – das System, das Anschluß schafft

Den Anschluß an das weltweite Telefonnetz nimmt die Telekom nach entsprechender Antragstellung vor. Sie oder ein von ihr beauftragtes Unternehmen installiert dazu in der betreffenden Wohnung für jede Amtsleitung die sogenannte »Postdose«. Dabei handelt es sich um einen normierten Anschluß unter der Bezeichnung TAE-Dose (**T**elekommunikations-**A**nschluß-**E**inheit). Diese TAE-Anschlußdosen haben die mittlerweile veralteten Verbindungssysteme VDo (Fernmeldeverbinderdosen) und Ado (Fernmeldeanschlußdosen) abgelöst. Die Telekom hat Zug um Zug alle Anschlüsse auf TAE umgerüstet. Wer noch keinen TAE-Anschluß besitzt, kann eine kostenlose Umrüstung bei dem für ihn zuständigen Fernmeldeamt beantragen.

Hinter TAE verbirgt sich ein komplettes System aus Dosen und Steckern, an das alle postzugelassenen Endgeräte problemlos durch einfaches Einstecken angeschlossen werden können. Deshalb ist es auch sinnvoll, hausinterne Telefonnetzerweiterungen über das TAE-System auszuführen. Die entsprechenden Dosen, Anschlüsse, Adapter und Kabel sind in Fachgeschäften oder in Baumärkten erhältlich.

Zu Zeiten, als das Postmonopol noch Bestand hatte, durfte niemand außer der Telekom oder einem der von ihr beauftragten Unternehmen Netzerweiterungen vornehmen. Nicht einmal das selbständige Anschließen von Endgeräten war dem »Fernmeldeteilnehmer« erlaubt. Dies hat sich grundlegend geändert. Heute darf jeder innerhalb seiner eigenen vier Wände Telefonleitungen verlegen, Dosen installieren und Endgeräte anschließen. Das gilt auch für Nebenstellenanlagen mit bis zu zwei Amtsleitungen. Erst bei der Installation von Telefonanlagen mit drei oder mehr Amtsleitungen muß man ein autorisiertes Fachunternehmen mit den Anschlußarbeiten beauftragen.

Trotz aller Liberalisierung ist eines bei allen Do-it-yourself-Anwendungen rund um das Telefonnetz nach wie vor tabu: die Postdose. Sie darf nicht geöffnet oder aufgeschraubt werden, und das, obwohl sie sich nicht von allen anderen TAE-Dosen unterscheidet. Wer gegen diese Vorschrift verstößt, muß damit rechnen, daß die Telekom den Anschluß sperrt.

Vorsicht

Grundsätzlich sind der Anschluß von Telefonen und interne Netzerweiterungen ungefährlich. Es fließt nur schwacher Strom, der normalerweise keine gesundheitsgefährdenden Auswirkungen hat. Alledings sollten Personen, die einen Herzschrittmacher tragen, besondere Vorsicht walten lassen.

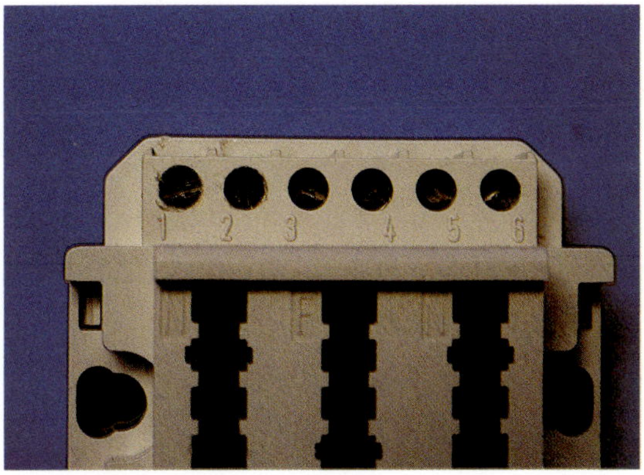

Das Innenteil einer TAE-Dose hat eine Klemmleiste mit sechs Anschlüssen

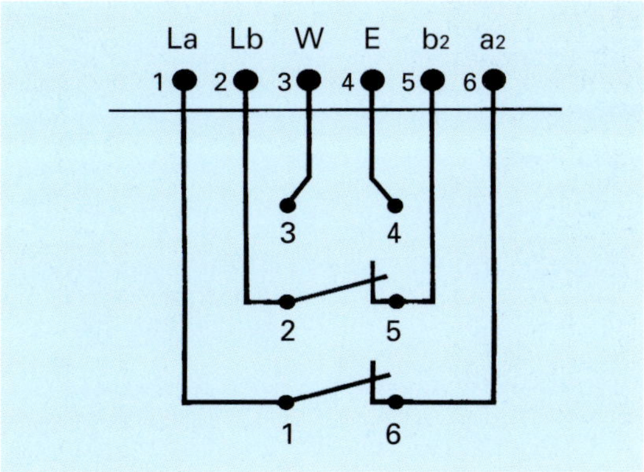

Die Verbindung zum Netz (La und Lb) wird in einer TAE-Dose über die Klemmen 1 und 2 hergestellt

F- und N-Codierung

Grundsätzlich gilt: TAE-Dose ist nicht gleich TAE-Dose. Man unterscheidet vor allem zwei unterschiedliche Stecksysteme:

- TAE-Dose mit F-Codierung zum Anschluß eines **F**ernsprechgerätes, also eines Telefons und
- TAE-Dose mit N-Codierung zum Anschluß eines **N**icht-Fernsprechgerätes wie eines Anrufbeantworters oder eines Faxgerätes.

Der Normstecker eines Telefons paßt nicht in eine TAE-Dose mit N-Codierung. Umgekehrt kann man kein Faxgerät an eine F-codierte Dose anschließen. Beide Stecksysteme ähneln sich derart, daß man nur mit geübtem Blick anhand des Steckers die Codierung erkennt. Bei den Anschlußdosen erleichtern »F«- und »N«-Zeichen die Identifizierung. Statt eines »F« zeigen manche TAE-Dosen auch das Symbol eines Telefons.

Der Handel bietet nicht nur TAE-Dosen zum Anschluß eines Endgerätes an, also entweder mit N- oder mit F-Codierung. Verbreitet sind TAE-Dosen mit drei Anschlüssen. Diese montiert in der Regel auch die Telekom beim Einrichten der Postdose. Die Anschlüsse sind üblicherweise NFN-codiert, also für Telefon, Faxgerät und Anrufbeantworter ausgelegt. Der Anschluß für das Telefon befindet sich bei einer FNF-Codierung in der Mitte. Aufgrund der Codierung spricht man bei Dosen mit Dreieranschluß auch von NFN-Dosen. Weitaus weniger verbreitet sind hingegen Dreierdosen mit FFN-Codierung für den Anschluß von zwei Fernsprecheinrichtungen.

Der Anschluß von TAE-Dosen

TAE-Dosen haben eine Blende, die durch ein kleines Schräubchen gehalten wird. Das Innenleben der Dosen ist stets gleich. Ob Einfach- oder Dreierdose, F- oder N-Codierung: stets besitzen die Dosen die gleichen sechs Anschlußklemmen für Telefonkabel, die auch von 1 bis 6 numeriert sind.

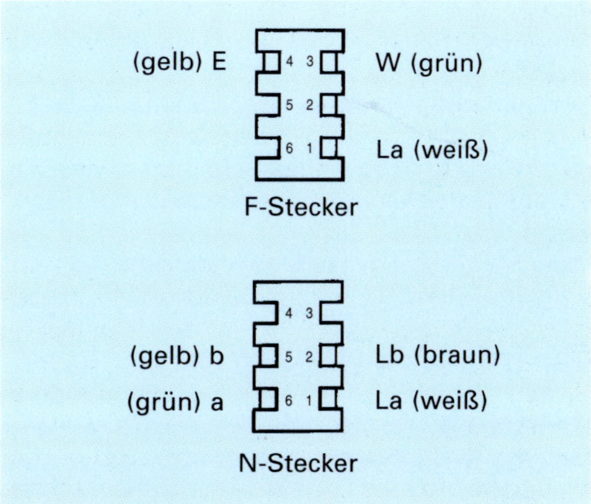

Bei der Belegung der TAE-Stecker kommt den Kabelfarben eine besondere Bedeutung zu. Nur anhand der Farben können Schaltungen richtig vollzogen werden

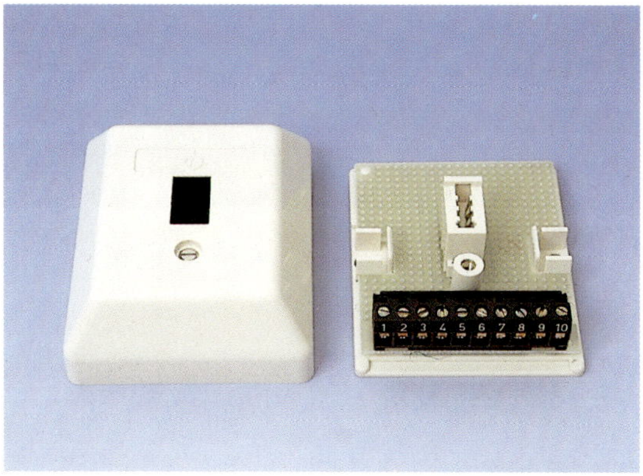

Mit einem Wechselschalter können zwei Telefone an einer Amtsleitung und abwechselnd betrieben werden

Wird die Dose zum Anschluß von Endgeräten genutzt, sind nur die beiden ersten Klemmen von links von Bedeutung. Über die Klemme 1, in der Fachsprache »La« (Leitung a), und die Klemme 2, »Lb« für Leitung b, wird der Anschluß an die Amtsleitung hergestellt. Für den Betrieb von Endgeräten müssen nur die beiden Klemmen ordnungsgemäß belegt sein. Die übrigen vier Klemmen sind nur in Ausnahmefällen zu benutzen. Die Klemme 3 (»W«) wird bei Verwendung eines Weckers oder Wechselschalters benötigt. Sie signalisiert, ob beim anderen Apparat der Hörer aufgelegt ist oder nicht. Die 4. Klemme, »E«, ist die Erdleitung, die beim Betrieb bestimmter Nebenstellenanlagen erforderlich ist. Über die letzten zwei Klemmen, »la« und »lb«, kann man die Leitung zu einer weiteren TAE-Dose fortführen. Die Weiterleitung wird allerdings sofort unterbrochen, wenn ein Stekker in die TAE-Dose eingesteckt wird. Diese Totschaltung der abgehenden Verbindung macht den Aufbau eines internen Telefonnetzes über diese Klemmen in der Regel nicht sinnvoll.

Die TAE-Sondervarianten

Neben diesen normal belegten TAE-Dosen gibt es noch Sondervarianten, die aber nur selten benötigt werden, z. B. für zwei Amtsleitungen mit zwei sechsfach bestückten Klemmleisten. Diese Dosen sind mit F/F (zwei Fernsprechanschlüsse), F/N (Telefon und Zusatzgerät) oder N/N (zwei Zusatzgeräte) gekennzeichnet.

Eine weitere Besonderheit ist die TAE-HS/F-Dose (**Halte****s**chaltung für **F**ernsprecher). Wenn mehrere TAE-Dosen hintereinander gesetzt werden und sich die HS/F-Dose am Ende dieser Reihe befindet, kann man das Telefon für 60 bis 90 Sekunden ausstecken, ohne das Telefongespräch zu unterbrechen. Man könnte dann das Telefon an einer anderen Dose der Reihe wieder einstöpseln und das Gespräch fortführen.

Die TAE-Stecker

Auch die Stecker haben sechs Verbindungen, von denen aber nur vier belegt sind, nämlich La, Lb, W und E. la und lb sind nicht nötig, da es sich ja um Anschlußmöglichkeiten von abgehenden Leitungen handelt. Die F- und N-Stecker sind nicht gleichmäßig belegt. Welches Kabel welche Funktion hat, zeigen die Farben: weiß für La, braun für Lb, grün für W und gelb für E. Bei Importgeräten können die Stecker anders belegt sein. Wenn möglich, öffnet man dann die Halbschalen des Steckers mit einem kleinen Schraubenzieher und polt die Kabel um.

Wechselschalter

Bei einer Amtsleitung mit mehreren Telefonanschlüssen schaltet man diese nicht in Reihe, weil es zu Qualitätseinbußen und Netzbeeinträchtigungen kommt. Die einfachste Form, mehrere Telefone anzuschließen, stellen Wechselschalter dar. Je nachdem, welches der angeschlossenen Telefone betrieben wird, wechselt der Schalter die Verbindung zum Telefonnetz.

Wechselschalter sind in AWADo- und AMS-Form erhältlich, jeweils für den Anschluß von zwei (Zusatzkürzel: »1/2«) oder drei Nebenstellen (»1/3«). AMS-Wechselschalter gibt es auch für den Anschluß von vier Geräten (AMS 1/4). Man kann sowohl Telefone als auch Zusatzeinrichtungen anschließen. Der wesentliche Unterschied zwischen AWADo und AMS besteht darin, daß die Nebenstellen von AMS lediglich mit zwei Adern (Klemmen »a« und »b«) angeschlossen werden, während bei AWADo Schalter und Nebenstellen zusätzlich mit einer dritten Leitung (an der »W«-Klemme) verbunden werden müssen.

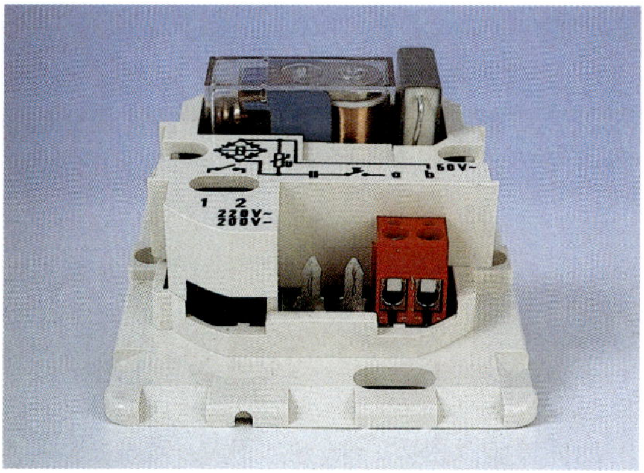

Ein Starkstromrelais schließt oder öffnet bei Anwahl einen 220-Volt-Stromkreis

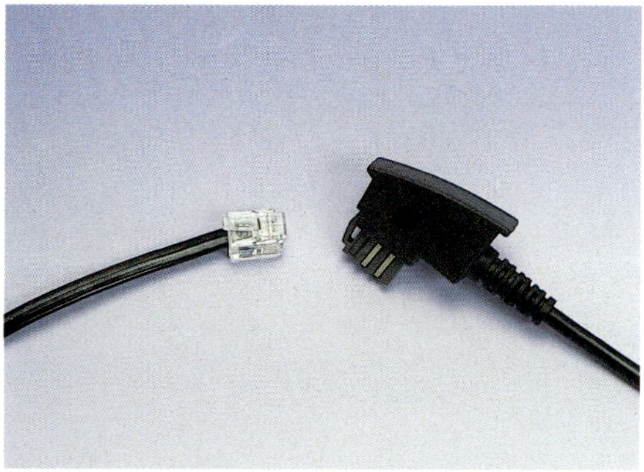

Die kleinen Western-Stecker (links) erfüllen dieselben Funktionen wie die großen TAE-Stecker (rechts)

Die Funktion von AWADo 1/2 kann durch Umstecken der internen Kodierstecker variiert werden. AWADo 1 ist für gleichberechtigten Betrieb von zwei Telefonen gedacht. Eingehende Telefonate werden an beiden Sprechstellen signalisiert. Das Gespräch erhält der Teilnehmer, der als erstes den Hörer abnimmt. Das andere Telefon ist stummgeschaltet. Das Gespräch kann übergeben werden, wenn am zweiten Telefon der Hörer abgenommen und dann beim ersten der Hörer aufgelegt wird. AWADo 2/W hingegen ist für den Betrieb eines Anrufbeantworters an der zweiten Sprechstelle gedacht. Wird am ersten Telefon der Hörer abgenommen, wird die zweite Sprechstelle automatisch stummgeschaltet, auch wenn zuvor eine Verbindung bestand. Das erste Telefon wird an der im Schalter enthalteten TAE-F-Buchse angesteckt; das zweite Telefon schließt man über Kabel an. Dabei werden nur die »a« und die »b«-Anschlüsse benötigt (kein »W«).Bei AWADo 1/3 sind alle Telefone gleichberechtigt; zwei Apparate werden über Klemmen, der dritte über die integrierte TAE-F-Buchse angeschlossen. Bei AMS verhält es sich genau so.

Sperreinrichtungen

Man kann Sprechstellen durch eine Sperreinrichtung »nichtamtsberechtigt« schalten, so daß man zwar Anrufe entgegennehmen, nicht aber wählen kann. Ein Schlüsselschalter erlaubt, die Amtsberechtigung ein- und auszuschalten. Da durch das Ausschalten der Schleifenstrom unterbrochen wird, sind auch keine Notrufe möglich. Der Anschluß ist einfach: Die Sperreinrichtung wird auf dem »a/b«-Leitungsweg von der Postdose zur Nebenstelle zwischengeschaltet.

Starkstromschalterelais

Eine weitere Besonderheit stellen die teuren Starkstromschalterelais dar. Sie werden statt eines Telefons oder eines Zusatzgerätes angeschlossen und erlauben es, über das Telefonnetz einen 220-Volt-Stromkreislauf zu schließen oder zu öffnen. Statt eines Rufs wird an den Relais ein Steuersignal ausgelöst. Dadurch können Geräte ein- und ausgestellt werden.

Western-Technik

In Amerika und vielen anderen Ländern werden Telekommunikationseinrichtungen nicht über TAE, sondern über die Western-Technik miteinander verbunden. Auch bei uns finden sich die kleinen Stecker mit dem durchsichtigen Kunststoffmantel. Sie sind die Standard-Verbindung bei ISDN. Und auch viele Telefone verbinden Hörer und Gerät über Westernstecker und -buchsen. Auch das Kabel von Telefon zu TAE-Dose ist auf Telefonseite in der Regel als Westernverbindung ausgelegt.

Verlängerungskabel mit TAE-Anschlüssen gibt es für Telefone und Zusatzgeräte (F- oder N-codiert)

Mit einem TAE-Zweieradapter kann man an eine F-codierte Dose ein Telefon und ein weiteres Zusatzgerät anschalten

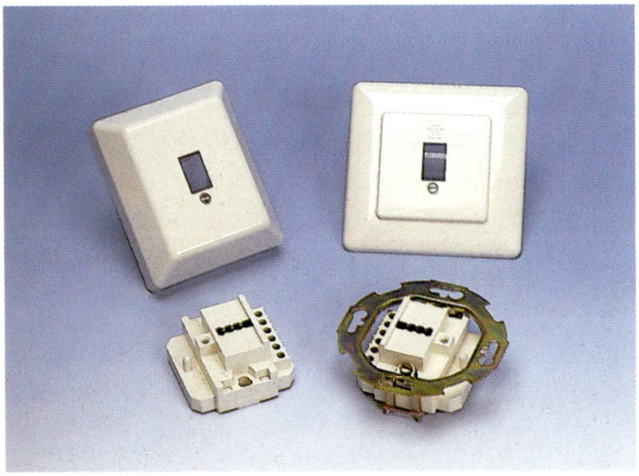

TAE-Dosen gibt es in zwei verschiedenen Ausführungen als Unterputz- oder als Aufputzdose

Interne Netzerweiterung

Jede interne Netzerweiterung wird durch zwei Faktoren bestimmt: die Kabelführung und das Schaffen von Endstellen, an denen Kommunikationseinrichtungen angeschlossen werden können. Je nachdem, wieviele Kabel verlegt und welche Art von Endstellen geschaffen werden sollen, gestaltet sich die interne Netzerweiterung mehr oder weniger aufwendig.

Erweiterung durch Verlängerungskabel und Adapter

Die einfachste Art der Netzerweiterung stellen Verlängerungskabel dar. Fachgeschäfte führen sie vorkonfektioniert in verschiedenen Längen. Standard sind drei und fünf Meter. Die Verlängerungen sind sowohl mit F- als auch mit N-codierten Steckern und Buchsen erhältlich.

Sollen nicht nur Fernsprecheinrichtungen an eine F-codierte Dose, sondern zum Beispiel auch Anrufbeantworter oder Faxgerät angeschlossen werden, sind entsprechende TAE-Dreieradapter hilfreich. Sie gleichen vom Aufbau Dreiersteckern für Stromverbindungen: Der F-Stecker befindet sich an einem kleinen Kabel, dessen anderes Ende eine Steckleiste mit drei Anschlüssen aufweist. Diese können NFN- oder FFN-codiert sein. Außerdem gibt es Zweieradapter mit FF- oder FN-Codierung.

Netzerweiterungen mit Verlängerungskabel und Adapter sind vor allem innerhalb eines Raumes oder einer kleinen Wohnung sinnvoll. Aber schon beim Anschluß eines zweiten Telefons montiert man in der Regel eine zusätzliche TAE-Dose, die mit einer fest verlegten Leitung ans Telefonnetz angeschlossen wird. Der Fachhandel hält TAE-Dosen in Aufputz- und Unterputzvarianten bereit.

TAE-Aufputzdose anbringen

TAE-Aufputzdosen sind eine besonders einfache Art, einen neuen Leitungsendpunkt zu schaffen. Dem Vorteil der unkomplizierten Montage steht der Nachteil gegenüber, daß die Dose ein Stück hervorsteht. Das ist nicht nur optisch unvorteilhaft. Schränke zum Beispiel können nicht mehr bündig an die Wand geschoben werden.

Aus optischen Gründen bringt man TAE-Dosen auf der gleichen Höhe wie Steckdosen für 200-Volt-Strom an, und zwar rund 30 cm über dem Boden. Die Dose wird festgeschraubt. In vielen Wänden müssen dazu Bohrungen vorgenommen werden. Beim Festlegen der Montageposition ist deshalb darauf zu achten, ob bei diesen Bohrungen unter Putz verlegte Leitungen beschädigt werden könnten. Bei Holz-, Gipskarton- oder Porenkartonwänden muß nicht vorgebohrt werden; man bringt die Dosen mit Holzschrauben an. Schrauben und Dübel gehören nicht zum Lieferumfang einer Dose; sie müssen gesondert erworben werden.

Zur Montage wird die Dose aufgeschraubt. Links und rechts am Innenteil befinden sich Bohrungen für die Schrauben. Beim Anbringen des Innenteils ist darauf zu achten, daß sich die Klemmleiste oben befindet. Nach dem Festschrauben der Dose wird das Telefonkabel an die ersten beiden Klemmen von links (»a« und »b«) angelegt und dann das Kabel nach unten geführt. Vor der Endmontage der Blende muß diese an den vorgestanzten Punkten für den Leitungsweg ausgespart werden. Zum Ausbrechen des Plastiks benutzt man am besten eine Zange.

TAE-Dosen werden grundsätzlich auf Höhe anderer Dosen wie zum Beispiel Stromsteckdosen angebracht

In Gipskarton- oder Holzwände kann man die Innenteile ohne Verwendung von Dübeln anschrauben

Das Telefonkabel wird von der oben liegenden Anschlußleiste seitlich am Innenteil vorbei nach unten geführt

Für die Zuleitung des Telefonkabels wird mit einer Zange ein Stück aus der Dose herausgebrochen

Im Zentrum der Einbauposition wird zunächst ein kleines Führungsloch gebohrt, das als Fixpunkt für die eigentliche Bohrung dient

Zum Ausbohren eines Lochs für eine Unterputzdose sind spezielle Kreisbohrer im Handel erhältlich

Je nach Größe des Kreisbohrers muß eventuell mit einem kleinen Bohrer nachgearbeitet werden

TAE-Unterputzdose anbringen

TAE-Unterputzdosen sind überall dort sinnvoll, wo auch das Kabel unter Putz zugeführt werden kann. Dies ist auch möglich, wenn das Kabel durch die Mauer von einem anderen Raum von hinten in die Dose geleitet wird. Dabei ist zu berücksichtigen, ob auf der Rückwand das Kabel unauffällig weiterverlegt werden kann.

Auch der Einbau der TAE-Unterputzdose sollte auf Höhe anderer Dosen (zum Beispiel Steckdosen für 220-Volt-Stromnetz) erfolgen, also in der Regel 30 cm über dem Boden. Am besten mißt man die Höhe genau aus. In der Mitte der Einbauposition bohrt man zunächst ein kleines Loch, das als Fixpunkt für die eigentliche Bohrung mit einem Spezialrundbohrer dient. Dieser Bohraufsatz ist im Baufachhandel erhältlich. Mit ihm wird nun ein passendes Loch für die Unterputzdose geschaffen. In der Regel ist die Rundung jedoch noch nicht ausreichend. Deshalb wird mit einem normalen Steinbohrer und/oder mit Hammer und Meißel entsprechend nachgearbeitet. Am besten prüft man zwischendurch immer wieder, ob die Aussparung bereits breit und tief genug für das Einsetzen der Unterputzdose ist.

Wenn das Loch die richtige Größe hat, wird die Kabelzuführung hergestellt. Dazu ritzt man den Putz auf oder durchbohrt die Wand, um von hinten ein Kabel heranzuführen. Bei Durchbohrungen sollte ein passendes Leerrohr eingesetzt werden. Nach Abschluß der Bohrarbeiten kleidet man das Loch innen dünn mit Gips aus und drückt die Unterputzdose an ihre vorgesehene Position. Zum Abschluß werden dann die letzten Fugen rund um die Dose mit Gips geglättet. Sollte beim Einsetzen Gips aus der Dose quillen, ist dieser sofort zu entfernen.

Jetzt wird das Telefonkabel durch das Leerrohr geschoben bzw. zugeführt. Nach dem Abisolieren der Kabel »a« und »b« legt man diese an das Innenteil der TAE-Dose an (erste und zweite Klemme von links). Die Dose wird dann am Innenteil befestigt. Hierzu sind links und rechts entsprechende Bohrungen vorhanden. Dabei muß darauf geachtet werden, daß sich die Anschlußleiste oben befindet. Zum Schluß setzt man die Blende auf und schraubt sie fest.

Materialliste
Unterputzdose
TAE-Unterputzdose
Gips
Telefonkabel
evtl. Leerrohr

Werkzeugliste
Bohrmaschine
Stahlbetonbohrer in verschiedenen Größen
Rundbohraufsatz
Hammer
Meißel
Spachtel
Schraubendreher in verschiedenen Größen

Telefonkabel verlegen

Immer an der Wand lang, lautet die Devise beim Verlegen des Telefonkabels auf Putz. Bei der Zuführung des Kabels von der TAE-Dose zum Endgerät innerhalb eines Raums bietet es sich an, das Telefonkabel unter Fuß- oder Teppichbodenleisten zu klemmen. Gerade dabei besteht allerdings die Gefahr, daß man mit einem spitzen Gegenstand den schützenden PVC-Mantel des Kabels verletzt. Am besten benutzt man einen Schraubendreher, den man zuvor mit Klebe- oder Isolierband umwickelt hat. Noch besser ist ein Werkzeug aus Holz, zum Beispiel ein kleiner Kochlöffel oder Küchenschaber.

Wo sich das Telefonkabel nicht hinter Leisten verstecken läßt, verlegt man es auf Putz mit Ka-

Mit Hammer und Meißel erreicht man die richtige Vertiefung

Die Unterputzdose sollte möglichst genau eingepaßt werden

Zum Befestigen der Dose wird das Loch innen mit Gips ausgeschmiert

Zum Schluß wird das Innenteil der Dose festgeschraubt

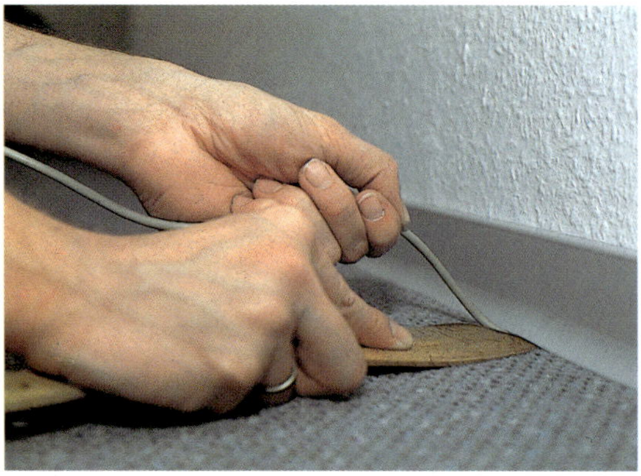

Mit einem hölzernen Pfannenwender läßt sich das Kabel gut unter Teppichbodenleisten schieben

Nagelklemmen sind besonders dann gefragt, wenn das Kabel um einen Türrahmen geführt werden soll

belschellen. Im Handel sind passende Nagelschellen (Nagelclips) mit einem Durchmesser von 0,4–0,7 cm für normale und 0,7–1,1 cm für dickere Telefonkabel erhältlich. Eine Alternative stellen Kabelschächte dar, die Baufachgeschäfte und -märkte in verschiedenen Breiten führen.

Problematisch sind Eckverbindungen. Hier gilt es darauf zu achten, die Kabel nicht zu knicken. Es besteht die Gefahr, daß die innenliegenden Adern abknicken und damit die Verbindung unterbrochen wird. Zum Prüfen der Leitungswege gibt es recht preiswerte kleine Prüfgeräte. Man kann sie in jede TAE-Dose einstecken. Dort zeigen sie mittels Leuchtdioden an, ob die Verbindung in Ordnung ist oder nicht.

Professionell ist die Verlegung unter Putz. Dabei reicht es in der Regel vollkommen aus, eine ca. einen Zentimeter tiefe Ritze in den Putz zu schlagen. Nach der Kabelverlegung verschließt man die Ritze mit Gips. Eine Kabelverlegung unter Putz ist aber nur dann sinnvoll, wenn entweder ein komplettes Neuverputzen ins Auge gefaßt wird oder die betreffende Stelle übertapeziert werden kann.

Zu Wanddurchbrüchen nutzt man entsprechend große und lange Bohrer. Nach dem Bohren empfiehlt es sich, den Kabelweg durch ein Leerrohr abzuschirmen. Dessen Durchmesser sollte rund einen Zentimeter betragen. Wenn starre Leerrohre verwendet werden, muß die Bohrung gerade ausgeführt werden.

Ein Leerrohr sichert bei Wanddurchbohrungen die Kabelführung ab und hilft, zeitraubendes Stochern beim Verlegen zu vermeiden

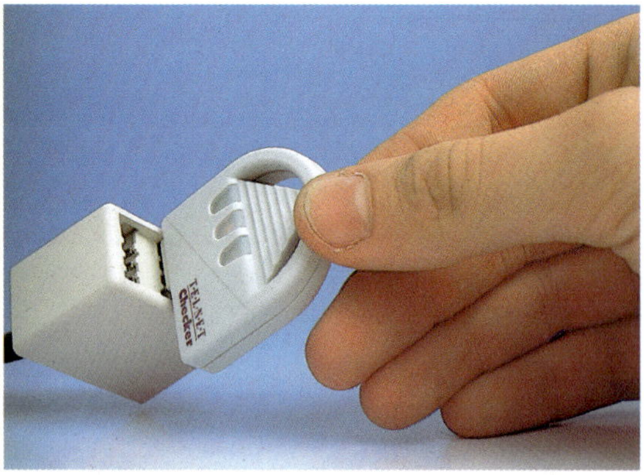

Mit einem kleinen Prüfgerät lassen sich Kabelverbindungen kontrollieren, wenn diese über eine Ecke gelegt wurden

Anrufbeantworter

Der Anrufbeantworter ist das beliebteste Zusatzgerät zum Telefon. Dementsprechend groß ist der Markt. Die technischen Unterschiede im Geräteaufbau – zum Beispiel ob die Aufzeichnung auf Kassette oder Computerchip erfolgt – erweisen sich in der Praxis als nicht so wesentlich wie die Qualität der verwendeten Bausteine und die Bedienungsfreundlichkeit.

Vor allem Anrufbeantworter, die fast täglich und lange im Einsatz sind, sollten über hochwertigere Bandlaufwerke oder Sprachchips verfügen. Unterschiede sind deutlich hörbar: Während bei den – leider wenigen – wirklich guten Geräten die Stimmen sehr gut zu verstehen und wiederzuerkennen sind, bringen die meisten Anrufbeantworter nur mäßige Sprachqualität. Vor allem bei preiswerten Modellen leiern Bandlaufwerke zudem noch aus – starke Verzerrungen sind die Folge. Auch die Sprachqualität der Chips kann nachlassen.

Die Bedienerfreundlichkeit ist bei vielen Geräten Kritikpunkt Nummer zwei: Das Aufsprechen von Ansagetexten, spezielle Funktionen wie das Überspringen von Nachrichten beim Abhören oder auch das Löschen alter Texte beherrscht zwar jedes Gerät. Viele Anrufbeantworter aber sind in der Bedienung so umständlich, daß Zusatzfunktionen ungenutzt bleiben.

Bei der Ausstattung kommt es vor allem auf die Sprachspeicherkapazitäten an. Sie beziehen sich auf zwei Ebenen:
- Anzahl und Länge der Ansagetexte
- Aufzeichnungskapazität für Anrufe.

Unterschiedliche Ansagetexte lassen sich auch im privaten Bereich gut einsetzen. Dies gilt vor allem dann, wenn man über ein Mobilfunktelefon verfügt. Der zweite Text informiert bei Nutzung dieses Telefons über die Erreichbarkeit per Mobilfunk. Bei der Länge der Ansagetexte sind dreißig Sekunden Standard; kürzere Ansagezeiten sind nicht empfehlenswert.

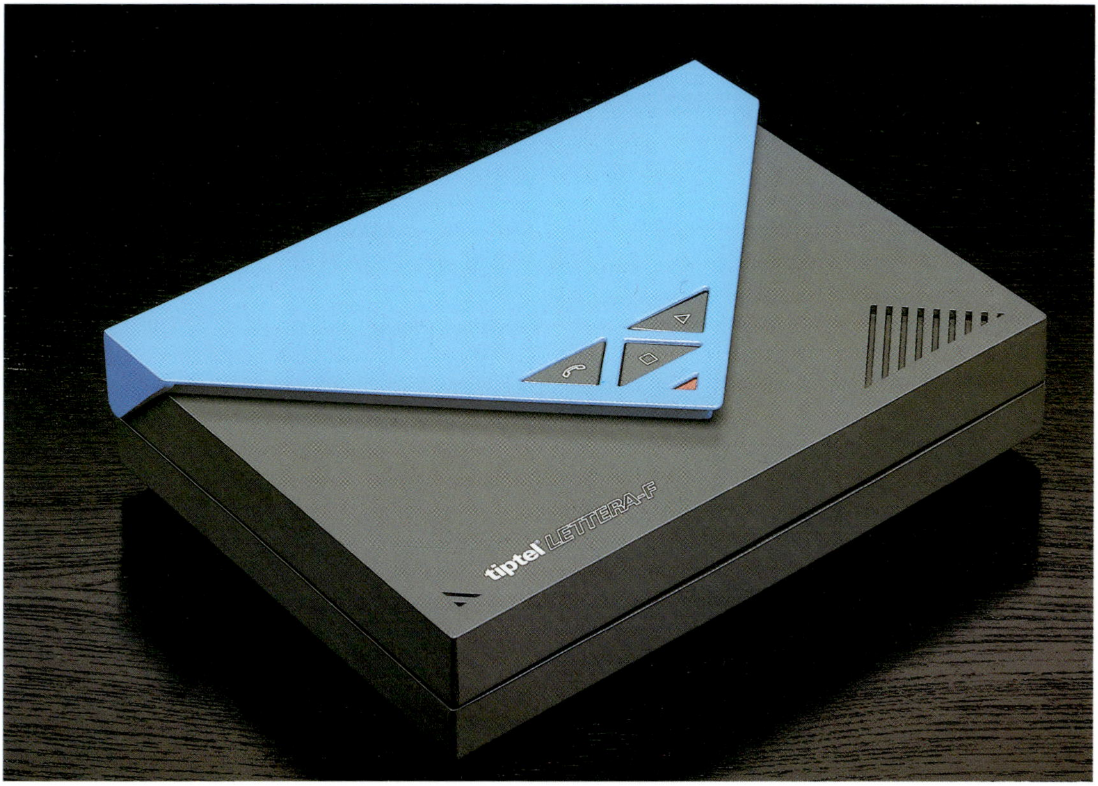

Der Aufzeichnungskapazität kommt vor allem bei längerer Abwesenheit größere Bedeutung zu. Zehn Minuten Gesamtsprechdauer sind das Minimum. Empfehlenswert sind Geräte ab 15 Minuten Kapazität. Die maximale Länge der Aufsprechzeit läßt sich bei fast allen Geräten zwischen einer Minute und »unendlich« programmieren.

Auch beim Display trennt sich die Spreu vom Weizen. Während gute Geräte den Nutzer ausführlich informieren, zeigen preisgünstigere Geräte oft nicht einmal eindeutig an, ob sich der Anrufbeantworter in Empfangsbereitschaft befindet. Ein gutes Display informiert über die Anzahl der alten und der neuen Nachrichten sowie die verbleibende Aufzeichnungskapazität. Wenn verschiedene Ansagetexte möglich sind, zeigt ein informatives Display außerdem deutlich an, welche Ansage ausgewählt wurde.

Sehr praktisch ist auch die Möglichkeit, eingehende Nachrichten mit Datum und Uhrzeit zu versehen. Zwei Verknüpfungen stehen zur Auswahl:
1. Während der Abfrage zeigt das Display an, wann die Nachricht eingegangen ist.
2. Vor der Wiedergabe informiert eine elektronische Stimme über Datum und Zeit.

Das Display eines Anrufbeantworters sollte deutlich die Anzahl ungelöschter, älterer und die neuer, unabgehörter Anrufe anzeigen

Mit der Fernabfragefunktion lassen sich Nachrichten auch von einem externen Telefon aus abhören

Fernabfrage per Telefon

Die Möglichkeit der Fernabfrage zählt heute zum Standard. Dann läßt sich der Anrufbeantworter extern von einem anderen Telefon aus abfragen und steuern. Separate Fernabfrage-Schaltkästchen sind dabei heute kaum noch notwendig. Alle Fernabfragen übermitteln ihre Befehle über die Töne, die beim Mehrfrequenzwahlverfahren durch den Tastenblock erzeugt werden können. Trotzdem ist Fernabfrage nicht gleich Fernabfrage: Gerade Vielnutzer sollten darauf achten, daß die Fernabfrage den schnellen Zugriff auf alte und neue Nachrichten ermöglicht. Wichtige Befehle wie »Vorspulen zur nächsten Nachricht« oder »Löschen« sollten zum Beispiel über einen einfachen Tastenbefehl auszulösen sein.

Im geschäftlichen Bereich überzeugt die Möglichkeit, über den Anrufbeantworter Telefonate mitzuschneiden. Im privaten Bereich ist hingegen die Diktat-Funktion interessant: Über das eingebaute Mikrophon kann man seinen Mitbewohnern eine Nachricht hinterlassen, die wie eine neu aufgesprochene Telefonnachricht am Gerät signalisiert wird.

Komfortabel ausgestattete Kombigeräte aus Telefon und Anrufbeantworter überzeugen durch eine sinnvolle Zusatzfunktion: die Anrufweiterleitung. Wenn der Anrufbeantworter eine Nachricht aufgezeichnet hat, wählt das Telefon anschließend automatisch eine zuvor programmierte Nummer, unter der dann der aufgezeichnete Text wiedergegeben wird. So ist man auch in der Ferne sofort über eingegangene Anrufe informiert.

Telefax

Die Auswahl an Telefaxgeräten ist besonders groß. Das Spektrum reicht von einfachen Geräten für gelegentlichen privaten Gebrauch bis zu sehr teuren, aufwendigen und leistungsstarken Geräten für den professionellen Dauereinsatz.

Im Bewertungsrahmen von Faxgeräten spielen neben der Ausstattung und der Bedienerfreundlichkeit vor allem die Qualität der ausgedruckten Faxe sowie die Übertragungsgeschwindigkeit und -qualität eine herausragende Rolle. Denn in der Praxis zeigt sich, daß Faxgeräte, die technisch und preislich derselben Klasse zuzuordnen sind, ganz unterschiedliche Ergebnisse liefern. Bei der Übertragung benötigt manches Gerät nur die Hälfte der Zeit eines anderen; und während das eine auch Details schon in der Standard-Auflösung sichtbar macht, zeigen vergleichbare Geräte bei derselben Übertragungsart nur unscharfe Konturen.

Es ist erstaunlich, daß es auch bei Markengeräten erhebliche Unterschiede gibt, selbst bei Geräten ein- und desselben Herstellers. So haben Vergleichstests gezeigt, daß teurere und besser ausgestattete Geräte unter Umständen langsamer laufen oder eine schlechtere Druckqualität liefern als preiswertere Faxmaschinen vom selben Unternehmen.

Die Kaufentscheidung fällt also nicht leicht. Einen gewisse Hilfe bilden die Klassen, in die die Faxgeräte eingeteilt sind (siehe Kasten Seite 27). Sie ermöglichen eine grobe Unterscheidung in Bezug auf Übertragungsgeschwindigkeit und Auflösung. Wer sicher gehen möchte, das Beste für sein Geld zu bekommen, findet in Testzeitschriften Rat. Einen großen Preisunterschied gibt es zwischen Geräten für Thermo- oder Normalpapier. Thermopapier-Faxgeräte arbeiten mit einer einfachen, fast geräuschfreien Drucktechnik, die sehr kompakte Geräteabmessungen ermöglicht. Dazu ist spezielles Papier

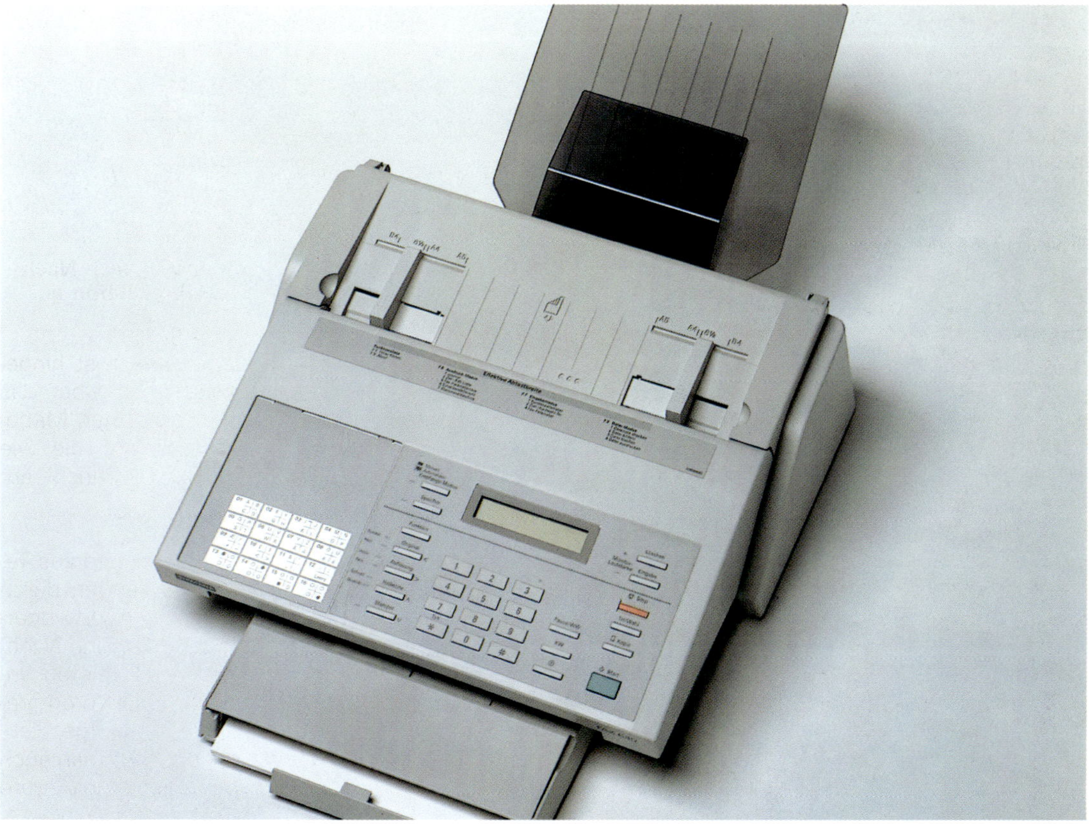

Deutliche Beschriftungen, große Tasten und übersichtliche Anordnung zeichnen ein gutes Faxgerät aus

Kombigeräte vereinen Faxgerät, Anrufbeantworter und Komforttelefon in einem Gerät

erforderlich, das auf Rollen in Standardlängen von 30 und 50 m erhältlich ist. Das Papier ist sehr dünn, und die Schrift verblaßt mit der Zeit. Außerdem ist das Papier stets wellig. Deshalb werden im professionellen Bereich Faxgeräte für Normalpapier (DIN A4-Kopierpapier) eingesetzt. Diese Geräte arbeiten entweder mit Tinten-, Laser- oder LED-Drucktechnik. Das verteuert sie; Normalpapier-Faxgeräte sind doppelt bis dreimal so teuer wie Thermopapier-Faxgeräte.

Kombigeräte

Für private Kommunikationsansprüche mit gelegentlicher Faxnutzung sind vor allem die Fax-Kombigeräte mit integriertem Komforttelefon und Anrufbeantworter von besonderem Interesse. Sie bündeln nicht nur drei Funktionspakete zu einem attraktiven Preis, sondern sind auch über ein einziges TAE-Anschlußkabel besonders einfach zu installieren. Allerdings bieten besonders die Thermofaxgeräte in der Praxis wenig Komfort: So lassen sich Nachrichtenblätter zum Versenden meist nur einzeln – und nicht im Stapel – einlegen. Außerdem fehlt oft eine Schneidevorrichtung oder eine Auffangbox für ankommende Faxnachrichten.

Eine besondere Form der Kombigeräte stellen Multifunktions-Faxgeräte dar. Sie sind für den gemeinschaftlichen Betrieb mit einem Computer konzipiert und können neben den bekannten Faxfunktionen »Senden/Empfangen« und »Kopieren« zusätzlich für den Computer die Funktionen »Drucken« und »Scannen« übernehmen. Die Verbindung wird über eine parallele oder serielle Schnittstelle hergestellt.

Die Faxgruppen

	Gruppe 1	Gruppe 2	Gruppe 3	Gruppe 4
Netz	Telefonnetz	Telefonnetz	Telefonnetz	ISDN
Übertragungszeit 1 DIN A 4-Seite (circa)	6 Minuten	3 Minuten	1 Minute	12 Sekunden 64 kbit pro Sekunde
analog/digital	analog	analog	analog/digital	digital
Auflösung	3,85 Linien je Millimeter	3,85 Linien je Millimeter	3,85/7,7 Linien je Millimeter	8 bis 16 Punkte je Millimeter

Leistungsmerkmale von Faxgeräten

Anrufumkehr: Bei Profigeräten, erlaubt Senden und Empfangen über eine Verbindung.

Automatischer Papiereinzug (Dokumenteneinzug): Es können mehrere Dokumente im Stapel in das Faxgerät eingelegt werden, die nacheinander übertragen werden. Fehlt diese Funktion, muß man jedes Blatt einzeln einlegen.

ECM (Error Correction Mode): Bei diesem neuen Verfahren werden Vorlagen blockweise übertragen. Kommt es zu Störungen, wird der betreffende Block automatisch noch einmal übertragen. Das Neusenden ganzer Seiten entfällt. Damit ECM funktioniert, müssen beide Geräte diese Funktion besitzen.

Empfangsspeicher: Eingehende Faxnachrichten werden nicht nur ausgedruckt, sondern auch gespeichert. Faxnachrichten gehen auch dann nicht verloren, wenn das Papier ausgeht.

Empfangsschutz: Mit dieser Funktion wird ungebetenen Faxzusendungen (Faxwerbung) Einhalt geboten. Faxe werden nur von den Anrufern empfangen, deren Rufnummern im Kurz- oder Zielwahlverzeichnis aufgeführt sind.

Fernabruf (Polling): Erlaubt das Abrufen von Daten einer FAX-Datenbank. Man wählt die Nummer der Datenbank an und empfängt deren aktuelle Nachrichten. Anders als beim normalen Empfangen von Faxnachrichten muß man beim Polling die Telefonnetzgebühren selbst zahlen.

Integrierte Faxweiche: Faxweichen erleichtern den Betrieb des Faxgerätes an einer Amtsleitung. Eine integrierte aktive Weiche erkennt eingehende Faxnachrichten selbständig und schaltet sich automatisch ein. Bei einer passiven Weiche erkennt das Faxgerät nach Abnehmen des Telefonhörers, ob es sich um eine Faxnachricht handelt, und schaltet sich dann ein.

Integriertes Telefon: Das Gerät hat einen Tastenblock zur Eingabe der Rufnummer *und* einen Hörer, so daß auch telefoniert werden kann.

Kopieren: Mit dieser Standardfunktion können eingeschobene Vorlagen über den Drucker des Faxgerätes kopiert werden. Die Qualität eines normalen Kopierers wird vor allem bei Thermofaxgeräten nicht annähernd erreicht.

Papierschneidevorrichtung: Bei Thermopapierfaxen; sie schneidet beim Empfang nach jeder Seite das Papier automatisch von der Rolle ab.

PC-Schnittstelle (Multifunktionsfax): Das Faxgerät läßt sich über ein Computerkabel mit einem PC verbinden. So kann es als Scanner oder als Computerdrucker verwendet werden.

Rundsenden: Eine Faxnachricht kann an mehrere Empfänger gesendet werden, ohne mehrfach in das Gerät eingelegt werden zu müssen. Die Adressen werden aus dem Rufnummernspeicher ausgesucht und zusammengestellt.

Rufnummernspeicher: Faxgeräte verfügen wie Komforttelefone über zwei Arten von Rufnummernspeicher: Beim Zielwahlspeicher wird die Rufnummer direkt angewählt; beim Kurzwahlspeicher muß eine zweistellige Codenummer eingegeben werden. Dabei zeigt das Display den Empfänger und die Rufnummer an.

Sendespeicher: Das Gerät kann Faxvorlagen speichern. So kann man ein Fax an verschiedene Empfänger senden, ohne daß man es mehrfach einlegen muß (Rundsenden). Mit einem größeren Sendespeicher läßt sich auch die Funktion »zeitversetzt senden« optimal nutzen.

Superfeine Auflösung: Neben den Auflösungen »Standard« und »Fein« ist mit »Superfein« noch einmal eine Qualitätssteigerung beim Abtasten und Ausdrucken möglich. Dabei werden 15,4 Grafikpunkte pro Millimeter erfaßt. Die superfeine Auflösung geht zu Lasten der Übertragungszeit und damit des Geldbeutels.

Wahlwiederholung: Bei besetzter Leitung versucht das Faxgerät automatisch, zu einem späteren Zeitpunkt die Faxnachricht zu versenden.

Wähltastatur (Stand-alone-Geräte): Am Faxgerät befindet sich ein Tastaturblock zum Wählen; man benötigt kein separates Telefon.

Zeitversetzt senden: Der Zeitpunkt der Aussendung läßt sich frei programmieren. So kann man Nacht- und Wochenendtarife voll ausnutzen. Diese Funktion ist vor allem sinnvoll, wenn das Gerät über einen Sendespeicher verfügt.

Computerkommunikation

Ein Modem ermöglicht die Verbindung von Computer und Telefonnetz – und damit die wohl derzeit interessanteste und vielseitigste Nutzungsform der Telekommunikation. Zu den Anwendungsmöglichkeiten zählen vor allem:

- Speicher für Telefon- und Faxnummern mit direkter Zielwahl
- Faxgerät
- Anrufbeantworter
- gezielte Kontaktaufnahme mit anderen Rechnern und interaktiver Datenaustausch (Datenfernübertragung)
- Homebanking (Kontoführung)
- Shopping

2400 Bits pro Sekunde (bps) Übertragungsgeschwindigkeit sind Minimum, Standard 9600 und 14 400 bps. High-speed Modems übertragen bis zu 154 000 bps. Voraussetzung für die Computerkommunikation ist dabei die Umwandlung der digitalen Rechnerinformationen in Signale, die über das analoge Telefonnetz weitergeleitet werden können. Für diese Modulation (von digital nach analog) am sendenden und die Demodulation am empfangenden Rechner benötigt man das Modem. Grundsätzlich kommen dabei zwei Typen zum Einsatz:

- externes Modem in separatem Gehäuse, das über ein Computerkabel mit dem Rechner verbunden ist, und
- internes Modem, also eine Steckkarte (Platine mit normierter Anschlußleiste) zum Einbau in den Rechner.

Außerdem gibt es spezielle Computer mit integriertem Modem wie z. B. das Multitel der Telekom für die Teilnahme am Bildschirmtext.

Die Verbindung zwischen Modem und Telefonnetz erfolgt über N-codierte TAE-Stecker. Ein Telefon ist für den Betrieb eines Modems nicht erforderlich, es sei denn, man will es als Telefon-

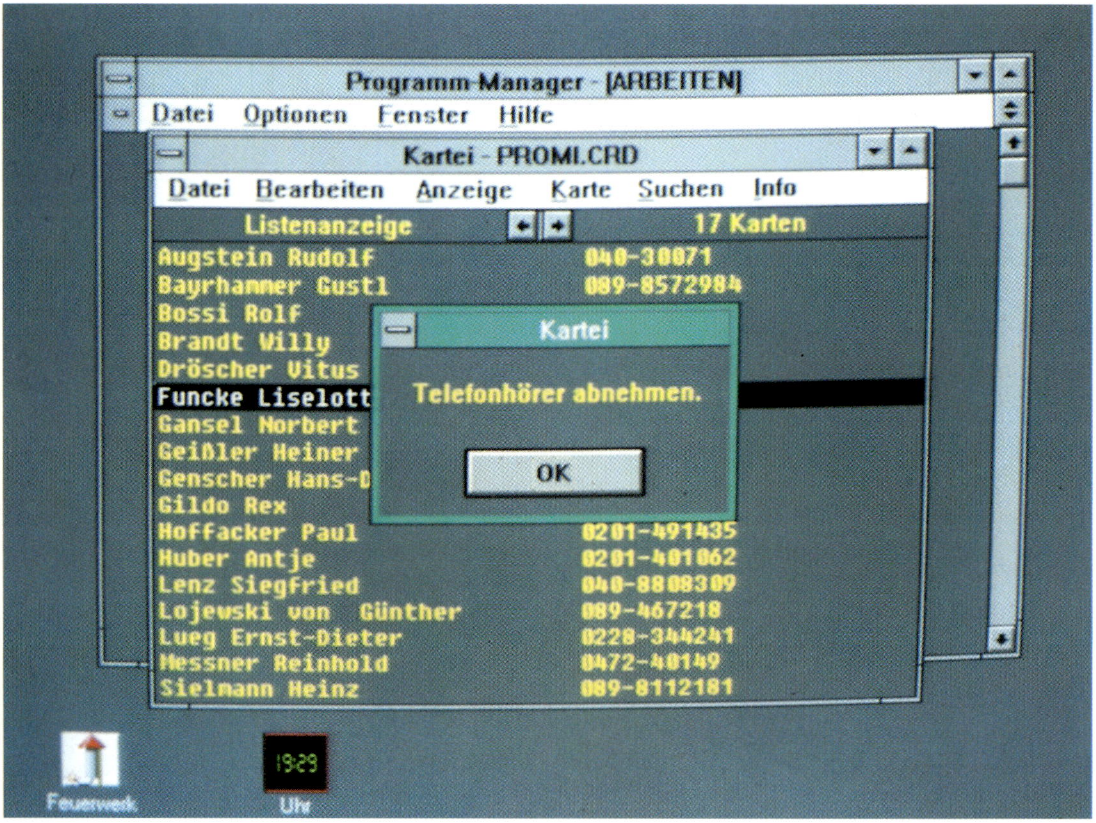

Wählhilfe benutzen. Für die Befehlseingabe – zum Beispiel zur Anwahl der Telefonnummer – wird die Tastatur des Computers genutzt.

Telefonbuch, Fax und Anrufbeantworter

Ein Modem erleichtert das Telefonieren durch seine Funktion als elektronisches Telefonbuch. Die mitgelieferte Software erlaubt es, über Datenbanken oder Textprogramme Rufnummern abzuspeichern und per Mausklick über das Modem direkt zu wählen. Dazu muß an derselben TAE-Dose, an der das Modem angeschlossen ist, ein Telefon angeschaltet sein. Die Faxoption gehört zum Standard eines Modems. Moderne Faxprogramme ermöglichen es, das Modem wie einen Drucker anzusteuern. So wird es möglich, aus der Textverarbeitung heraus direkt eine Datei als Fax zu versenden. Im Gegensatz zu normalen Faxgeräten kann man die eingegangenen Faxnachrichten dauerhaft speichern, jederzeit auf dem Bildschirm sichtbar machen und bei Bedarf ausdrucken. Damit das Modem mit dem PC als Anrufbeantworter eingesetzt werden kann, muß es über eine »Voice«-Option verfügen. Zum Betrieb ist eine Soundkarte unerläßlich. Welche Möglichkeiten PC und Modem als Anrufbeantworter eröffnen, ist von der Software und der Qualität der Soundkarte abhängig. Mit dem PC wird es obendrein möglich, ausgefeilte Ansagetexte aus Wort, Musik und Geräuschen zu mixen.

Das Modem ist eine extrem preisgünstige Alternative zu separaten Kommunikationsmitteln wie Telefon, Fax und Anrufbeantworter. Allerdings kann das Modem nur dann deren Funktion voll übernehmen, wenn der Computer stets eingeschaltet ist. Für denjenigen, der nur selten ein Fax empfängt, kann ein Zusatzgerät interessant sein, das den Rechner automatisch startet, wenn ein Fax ankommt (Fernstart).

Datenfernübertragung

Ein Datenaustausch mit anderen Computern setzt Kommunikationssoftware voraus. Ein entsprechendes Terminal-Programm liegt dem Modem meist bei.

Ein gutes externes Modem überträgt heute 14 400 Bits pro Sekunde und kann als Faxgerät eingesetzt werden

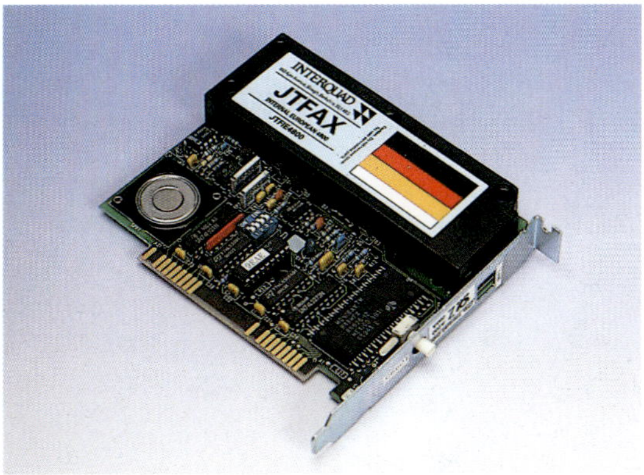

Steckkarten wie die hier gezeigte benötigen zum Einbau in einen Rechner keine separate Stromversorgung

Die Telekom bietet für BTX spezielle Kleincomputer an wie hier das Mulitel, das dem Benutzer zahlreiche Möglichkeiten eröffnet

Computernetze im Vergleich			
	Btx/Datex J	**CompuServ**	**Internet**
Teilnehmer	750 000 in Deutschland	1,5 Millionen weltweit, hohe Zuwachsraten	mehr als 10 Millionen weltweit, gigantischer Zuwachs
Auskunft	Telekom-Läden, Telefonämter	Beratungstelefon: 0130/3731	Serviceprovider wie Xlink oder IBM
Zugang über	Telekom Modem-Vertreiber	Erwerb von Compuserv-Software	Serviceprovider
Anschlußgebühren	ja/gratis bei vielen Modem-Vertreibern	ja	ja
monatliche Grundgebühren	ja	ja	ja
Telefongebühren	ja	ja	ja
Anbietergebühren	pro Seite	zeitabhängig	unüblich
Vorteile	Homebanking, Fax- und Telex, viele nationale Infos preiswert deutschsprachig	Weltweite Datenbankrecherche, viel Software, viele interessante internationale Angebote	Gigantische Teilnehmerzahl, viele Diskussionsforen, viele interessante internationale Angebote
Nachteile	wenig Teilnehmer national ausgerichtet	teuere Nutzung englischsprachig	schwer zugänglich englischsprachig

Komfortable Datenfernübertragung (DFÜ) wird aber erst mit zusätzlichen Programmen möglich. Über ein Modem baut man den Kontakt zu einem anderen Modem auf (direkte Verbindung über normale Telefonnummer) und tauscht Daten aus. Man erhält Zugang zu öffentlichen Mailboxen und kann deren Angebote etwa an kostenlosen Programmen gegen geringe Gebühr nutzen. Schließlich ist die Anbindung an Computernetze möglich. Zugangsberechtigungen werden (evtl. kostenpflichtig) von den Netzbetreibern vergeben (siehe Kasten).

Bildschirmtext und Homebanking

Bildschirmtext (BTX, auch Datex-J genannt) hat eine herausragende Stellung. Es wird von der Telekom betrieben, ist deutschsprachig und bietet zahlreiche attraktive Nutzungsmöglichkeiten. Besonders interessant sind die Angebote der Bundesbahn – das komplette Kursbuch steht hier zur Verfügung – und der Telekom (stets aktualisiertes bundesweites Telefonbuch und Telex-Option).

Seine Beliebtheit verdankt BTX vor allem dem »Homebanking«, also der Kontoführung vom heimischen Rechner aus. Dazu muß die Bank einen Zugang zum betreffenden Konto eröffnen, indem sie (gratis) eine Geheimnummer zur Verfügung stellt. Jetzt kann man Kontobewegungen beobachten und Überweisungen vornehmen. Homebanking ist – sieht man von der monatlichen BTX-Grundgebühr und den Telefongebühren ab – mit keinen zusätzlichen Kosten verbunden. Einige Kreditinstitute berechnen für solche Überweisungen sogar geringere Gebühren, da sie Arbeitszeit sparen.

Externes Modem anschließen

Zum Lieferumfang eines externen Modems zählen:
- Modem
- Netzteil
- TAE-Anschlußkabel (N-codiert)
- Computerkabel (für serielle Schnittstelle)
- Software

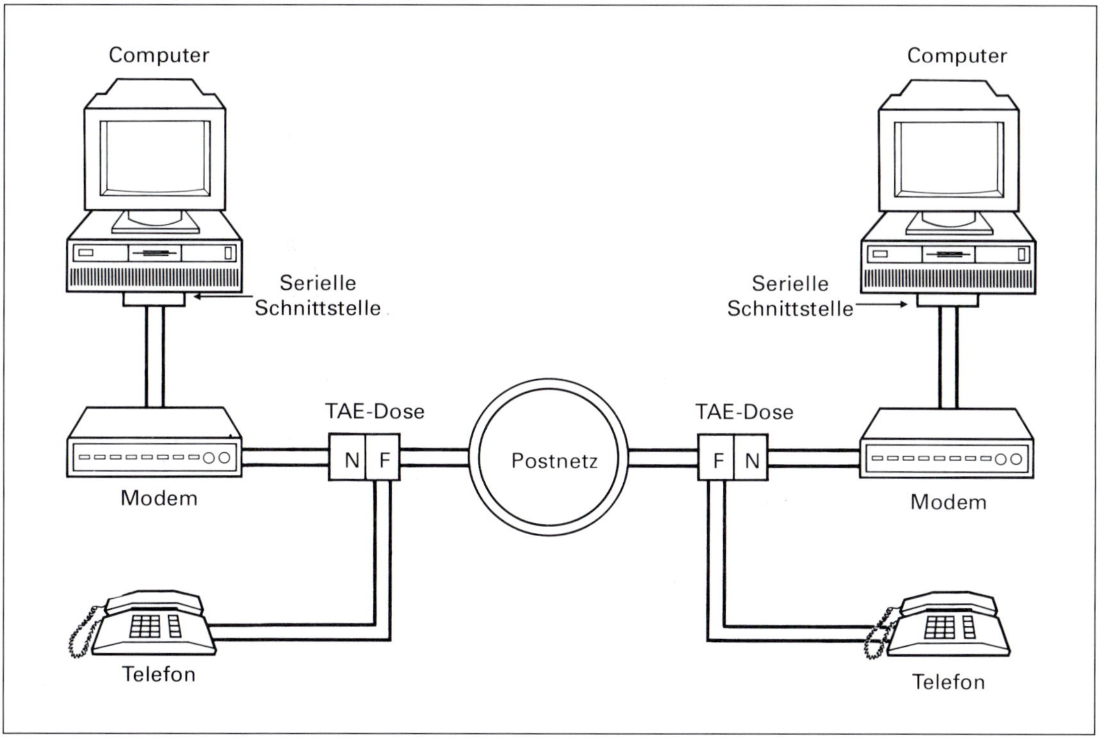

Modems schaffen die Verbindungen zwischen Rechnern und Telefonnetz. Sie werden wie andere Zusatzgeräte auch an N-codierte TAE-Dosen angeschlossen

Die Verbindung zum Rechner wird über eine freie serielle Schnittstelle (V24) hergestellt. Wenn keine entsprechende Schnittstelle vorhanden ist, empfiehlt es sich, statt eines externen Modems eine Modem-Karte einzusetzen. Das Kabel wird auf die seriellen Schnittstellen gesteckt und mit den integrierten Schrauben befestigt.

Das Modem benötigt eine separate Stromversorgung. Sie wird über das mitgelieferte Netzteil

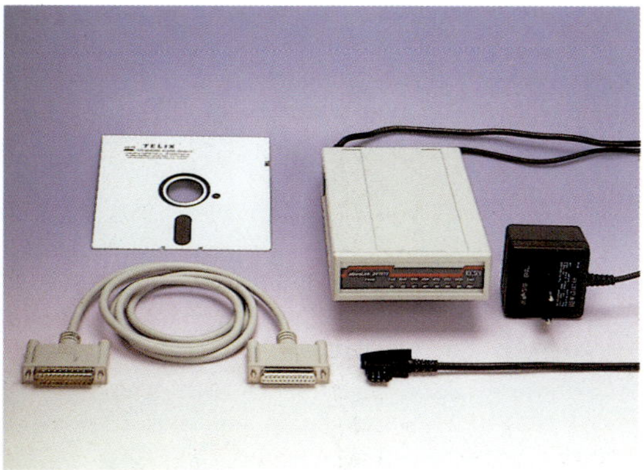

Zum Lieferumfang eines Modems gehören Software auf Diskette, Modem, Netzgerät und Anschlußkabel für Computer und TAE

Ein externes Modem weist drei Anschlüsse für Strom, serielles Computerkabel und Verbindung zum Telefonnetz auf

hergestellt. Dann wird die Verbindung zur TAE-Dose angelegt. In der Regel ist das entsprechende Kabel auf der einen Seite mit einem Western-Stecker ausgerüstet, auf der anderen mit einem N-codierten TAE-Stecker. Für den Western-Stekker befindet sich eine entsprechende Buchse am Modem; Er wird so am Gehäuse eingesetzt, daß er einrastet. Der TAE-Stecker sollte beim Betrieb mehrerer Zusatzgeräte immer als letztes Gerät angeschaltet werden (siehe auch S. 39).

Die Software beansprucht normalerweise nur wenig Kapazität auf der Festplatte. Bei modernen Benutzeroberflächen wie Windows, OS/2 oder Windows 95 ist sie oft bereits integriert. Sie erleichtern darüber hinaus den Zugang zu weltweiten Computernetzen. Wird nicht die Originalsoftware des Modem-Herstellers genutzt, muß dem Rechner mitgeteilt werden, was für ein Modem an welchem seriellen Ausgang arbeitet. Bei den meisten Programmen sind die Daten der verbreitetsten Modems bereits vorinstalliert. Das verwendete Modem muß nur aus einer Liste ausgewählt werden.

Damit das Modem richtig angesteuert werden kann, muß man dem Rechner die Adresse mitteilen, an der es sich befindet: gewöhnlich ist dies die serielle Schnittstelle. Sie wird mit »COM« bezeichnet. Standard-PCs verfügen über zwei serielle Schnittstellen, wobei eine für die Maus genutzt wird (in der Regel COM 1). Die zweite (COM 2) steht für das Modem zur Verfügung.

Internes Modem einsetzen

VORSICHT STROM

Vor Arbeiten am Computer ist unbedingt der Netzstecker zu ziehen. Andernfalls besteht Lebensgefahr.

Je nach Aufbau und Umfang wird die Karte in einen 8- oder 16-Bit-Steckplatz im Rechner eingesetzt. Moderne PCs verfügen über entsprechende freie »Slots« (Steckplätze). Wieviele freie Steckplätze prinzipiell zur Verfügung stehen, steht im Handbuch des Rechners. Wieviele davon tatsächlich belegt sind, kann nur ein Blick in den Rechner selbst zeigen. Die Steckplätze befinden sich an der Rückseite des Rechners. Zunächst wird laut Vorschrift im Handbuch die Gehäuseabdeckung entfernt. Auf Höhe der seriellen und parallelen Anschlüsse befinden sich längliche, unbelegte Kontaktreihen: die freien Steckplätze. Man sollte sich für denjenigen entscheiden, der am leichtesten zugänglich ist. Kleine 8-Bit-Karten können auch in die längeren 16-Bit-Steckplätze eingesteckt werden. Der Computer ermittelt bei der Installation der Software automatisch, an welchem freien Steckplatz das Modem eingesteckt ist.

Vor dem Steckplatz ist eine Verblendung aufgeschraubt. Diese löst man und nimmt sie vorsichtig heraus. Jetzt kann die Karte eingesteckt

Das Modem wird über eine serielle Schnittstelle mit dem Rechner verbunden. Das Kabel muß dazu lediglich festgeschraubt werden

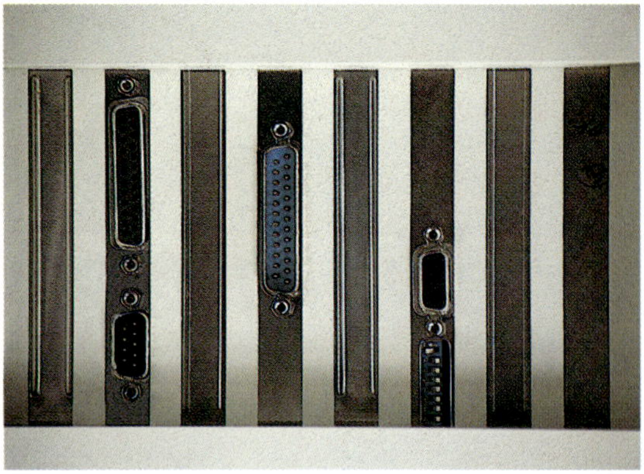

Verblendungen, die keine Anschlüsse aufweisen, liefern ein erstes Indiz, ob freie Steckplätze vorhanden sind

Der Computer wird nach den Angaben im Handbuch des Herstellers an der Seite aufgeschraubt

Anschließend läßt sich die entsprechende Gehäuseabdeckung ohne Schwierigkeiten entfernen

Die Verblendungen der Steckleisten im Inneren werden von Kreuzschlitzschrauben gehalten

Beim Einsetzen der Steckkarte keine Gewalt anwenden – wenn es nicht klappt, sollte man lieber einen neuen Versuch starten

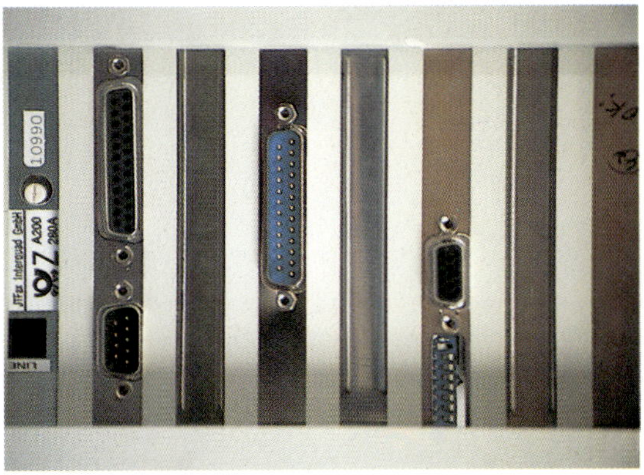

Wenn die Karte korrekt eingesetzt wurde, sitzt sie hinten am Rechnergehäuse genau bündig

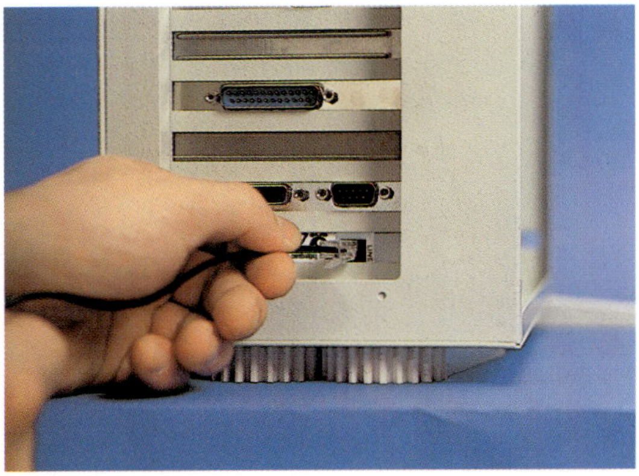

Zum Abschluß der Arbeiten kann man dann die Verbindung mit dem Telefonnetz herstellen

werden. Wie die Karte eingeschoben werden muß, erkennt man an den nach außen gerichteten Anschlüssen. Dabei ist darauf zu achten, daß man weder die Elektronik der Karten noch elektronische Bauteile des Computers mit den Fingern berührt. Dadurch könnte es später zu Oxidationen kommen. Der Einbau gestaltet sich meist unproblematisch. Spezialwerkzeuge sind nicht erforderlich. Keinesfalls sollte Gewalt angewendet werden. Wenn sich die Karte nicht problemlos in die Kontaktreihen einführen läßt, startet man am besten einen neuen Versuch. Oft ist sie nämlich nur verkantet. Zuletzt wird die Karte mit der Kreuzschlitzschraube, die zuvor die Blende gehalten hat, fest montiert. Nun müssen lediglich das Gehäuse wieder montiert und die Anschlüsse an das Telefonnetz vorgenommen werden. Dazu verfügt die Karte über eine Western-Buchse.

Gebührenzähler

Gebührenzähler arbeiten auf Basis eines von der Telekom übermittelten Impulses. Dieser Impuls gleicht dem Gebührentakt, der von der Telekom als Grundlage zur Berechnung der Gesprächsgebühren herangezogen wird. Ein Gebührenzähler zählt also nicht die anfallenden Gebühren im eigentlichen Sinn, sondern die von der Telekom verbuchten Einheiten. Die Übermittlung des Impulses muß gesondert beantragt und mit einer zusätzlichen, geringen monatlichen Gebühr bezahlt werden.

Man unterscheidet zwei Varianten :
- separate Gebührenzähler, die über einen TAE-Stecker an eine N-codierte Buchse einer TAE-Dose angeschlossen werden, und
- integrierte Gebührenzähler, die in Komforttelefone oder Nebenstellenanlagen eingebaut sind und nicht gesondert angeschlossen werden müssen.

Komfortable Gebührenzähler zeigen neben den verbuchten Einheiten auch die voraussichtlich entstehenden Gebühren an, die durch das Telefongespräch entstehen. Dazu wird der Gebührenzähler programmiert. Man gibt den aktuellen Preis für eine Telefoneinheit ein; das Gerät errechnet den jeweiligen Betrag dann automa-

tisch. In der Regel zeigen Gebührenzähler folgende Verbrauchsdaten an:
- Laufende Einheiten/Gebühren während eines Telefonats,
- Anzahl der Einheiten/Gebühren des letzten Telefongesprächs,
- Anzahl der Einheiten/Gebühren seit der letzten Rückstellung auf Null.

Besonders aufwendige Geräte liefern eine lückenlose Dokumentation der Telekommunikation. Sie speichern Datum, Uhrzeit, Länge, Einheiten und errechnete Gebühren von mehreren hundert Telefonaten. Die Ergebnisse können über spezielle Drucker, die zusätzlich gekauft werden müssen, oder über eine Verbindung zu einem Computer mit Drucker ausgegeben werden.

Überhöhte Telefonrechnung?

Ein selbstinstallierter Gebührenzähler wird von der Telekom nicht als Beweisstück anerkannt, wenn der Kunde meint, überhöhte Gebühren bezahlen zu müssen. Auch von der Telekom installierte Gebührenzähler werden nicht als Beweis anerkannt. Gebührenzähler dienen also lediglich der Selbstkontrolle und geben nur Anhaltspunkte für Telefonrechnungen. Sie zeigen außerdem nicht die tatsächlich verbrauchten Einheiten an, sondern die, die die Telekom über ihren Gebührentakt registriert. Wenn überhöhte Gebühren durch einen Fehler im Gebührentakt entstehen, so ist dies nicht am Gebührenzähler abzulesen.
Aufschluß über die Gespräche, deren Einheiten zur monatlichen Gebühr führen, gibt ein Protokoll, das mit der Telefonrechnung zugesandt wird. Dies muß einmalig kostenpflichtig bei der Telekom beantragt werden und erfolgt dann kostenlos. Der Datenschutz bleibt gewahrt, weil nur die Vorwahlen und drei weitere Ziffern registriert werden, nicht aber die gesamte Rufnummer. Wer sein Telefon bei längerer Abwesenheit gegen unbefugten Betrieb schützen möchte, kann dies über ein elektronisches Schloß tun. Die Anmeldung ist kostenpflichtig, zusätzlich wird eine monatliche Gebühr fällig. Dafür wird ein Zahlencode zugewiesen, mit dem der Anschluß vorübergehend »teilamtsberechtigt« (z. B. nur Ortsgespräche) geschaltet werden kann.

Eine Telefonzentrale vereinfacht die Verwaltung von Rufnummern und die interne Kommunikation über eine Nebenstellenanlage

Telefonzentrale

Eine Telefonzentrale ermöglicht es, Rufnummern und Adressen von Gesprächspartnern zu speichern, diese abzurufen und Verbindungen auch zu anderen Sprechstellen im Rahmen einer Nebenstellenanlage herzustellen. Diese teuren Geräte für den professionellen Büroeinsatz verfügen über einen LCD-Bildschirm und integrierte Tastatur, über die Namen und Rufnummern eingegeben werden. Darüber hinaus verfügen sie in der Regel über eine Reihe von weiteren Komfortmerkmalen wie elektronisches Codeschloß oder Terminspeicher. Telefonzentralen werden zusammen mit einem Telefon betrieben und über TAE mit dem Telefonnetz verbunden. Sie sind besonders sinnvoll im Zusammenspiel mit Nebenstellenanlagen zu betreiben.

Weiteres Zubehör

Neben den Zusatzeinrichtungen für den direkten Anschluß an das Telefonnetz über TAE bietet der Fachhandel zahlreiches weiteres Zubehör an. Hier eine Auswahl:

Elektronisches Telefonverzeichnis: Diese Kleincomputer sind für die Datenerfassung von Rufnummern ausgelegt. Sie ähneln in ihren Leistungsmerkmalen Telefonzentralen, sind aber nicht für den Anschluß von Telefonen oder Ne-

Ein Telefonverstärker ermöglicht mehreren Personen in einem Raum, einem Gespräch zu folgen

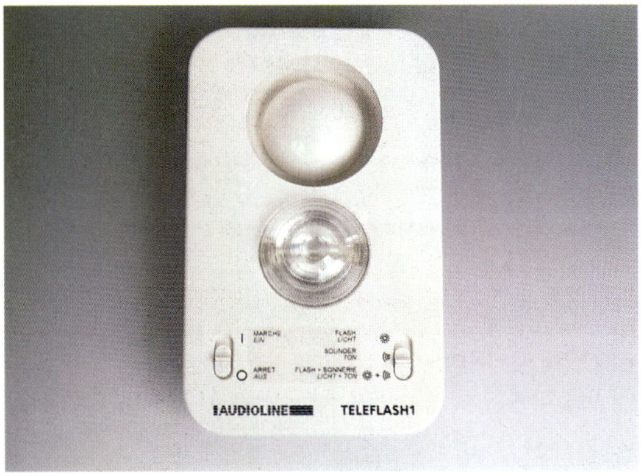

Bei dem Gerät »Optoruf« signalisieren helle Stroboskopblitze ankommende Anrufe auch für Gehörgeschädigte

Eine zusätzliche Klingel bezeichnet man im Rahmen der Telekommunikation als Tonrufzweitgerät oder externen Wecker

benstellenanlagen ausgelegt. Die Daten, die über die Verzeichnisse abgerufen werden, müssen anschließend manuell am Telefon eingegeben werden.

Telefonverstärker: Er ermöglicht die Funktion »Laut hören« auch mit Standardtelefonen ohne entsprechende Technik. Die Lautstärke ist regelbar; außerdem ist es bei einigen Telefonverstärkern möglich, einen Kassettenrekorder zum Aufzeichnen anzuschließen. Der Handel bietet zwei Varianten an: Separate Geräte, die über Kabel und einen selbstklebenden Mikrophonadapter mit dem Telefon verbunden werden, und Geräte, die unter das Telefon gestellt werden und drahtlos arbeiten.

Optoruf: Dieser Signalgeber visualisiert Klingelzeichen durch integrierte Leuchten. Eingehende Anrufe signalisiert das Gerät durch sehr helle Stroboskopblitze; eine Klingel ist zuschaltbar.

Tonrufzweitgerät: Über diese zusätzliche Klingel können eingehende Anrufe auch in anderen Räumen signalisiert werden. An den kleinen Geräten, die über Telefonkabel an das TAE-System angeschlossen werden, kann man die Lautstärke regeln und auch die Klingel ganz abschalten. Die Anschaltung erfolgt über eine Klemmleiste, die der in TAE-Dosen gleicht. Bei einigen Tonrufzweitgeräten gelten besondere Vorschriften zur Anschaltung. Sofern der Hersteller darauf aufmerksam macht, sind diese Vorschriften einzuhalten.

Telerufsystem: Das Telerufsystem stellt eine flexible Alternative zum Tonrufzweitgerät dar und ähnelt vom technischen Aufbau her einer Gegensprechanlage. Das System besteht aus einer Sende- und einer Empfangseinheit. Es nutzt das 220-Volt-Stromnetz zur Signalübertragung. Die Sendeeinheit wird in der Nähe des Telefons in eine 220-Volt-Steckdose gesteckt; die Empfangseinheit wird dort an das Stromnetz angeschlossen, wo der Ruf signalisiert werden soll. Klingelt das Telefon, so ist dies auch im Umfeld der Empfangseinheit zu hören. Das System kann außerdem zur Raumüberwachung eingesetzt werden. Schließlich verfügt es an der Sendeeinheit über eine Ruftaste, mit der an der Empfangseinheit ein akustisches Signal ausgelöst werden kann.

Anschalten von Endeinrichtungen

Der Anschluß von Telefonen oder Zusatzgeräten an die TAE-Dose heißt in der Fachsprache »anschalten«. Es gibt eine »Anschalterlaubnis«: sie bezeichnet das Einstecken postzugelassener Endeinrichtungen mit TAE-Stecker in die Postdose oder ihr nachgeschaltete TAE-Dosen. Sind diese Voraussetzungen erfüllt, darf jedermann ein Gerät »anschalten«.

Bei TAE-Dosen mit einfacher »F«- oder »N«-Codierung ist die Anschaltung unproblematisch. Anders bei Mehrfachdosen mit N- und F-codierten Buchsen: gerade bei Dreierdosen kommt es darauf an, welches Gerät wo angesteckt wird. Denn schaltungstechnisch liegt die N-Codierung immer vor der F-Codierung. Bei NFN-Dosen liegt die linke N-Codierung vor der rechten N-Codierung. Der Grund für diese Vorrangschaltung ist die Funktion der Zusatzgeräte. Es sollte möglich sein, während des Aufsprechens einer Nachricht auf den Anrufbeantworter das Gespräch durch Abheben des Telefonhörers entgegennehmen und damit den Anrufbeantworter unterbrechen zu können. Umgekehrt darf eine Faxübertragung nicht durch Abheben des Telefonhörers gestört werden. Und schließlich muß es möglich sein, einen Gebührenzähler durch Abheben des Telefonhörers zu aktivieren. Ob ein Gerät durch Abheben des Hörers ein- oder ausgeschaltet bzw. der Betrieb andere Endeinrichtungen stummschaltet, signalisieren die einzelnen Einrichtungen den anderen Geräten in der Reihe durch Steuerimpulse.

Man darf bis zu vier N-codierte Netzzugänge an einer Amtsleitung in Reihe schalten. Bei FNN- oder NFN-Dosen sind z. B. zwei N-codierte Zugänge mit einer F-Funktion in Reihe geschaltet. Für die gängigsten Zusatzgeräte sind folgende Anschlüsse an eine NFN-Dose zu empfehlen:

Anrufbeantworter: Er kann an beiden N-codierten Buchsen angeschaltet werden – mit einer Ausnahme: Wenn an der zweiten N-codierten Buchse ein Faxgerät mit passiver Faxweiche arbeitet, schaltet man den Anrufbeantworter vor (1. N-codierte Buchse von links). Dann erhält der Text Ihres Anrufbeantworters den Zusatz: »Wenn Sie eine Nachricht hinterlassen möchten, können Sie

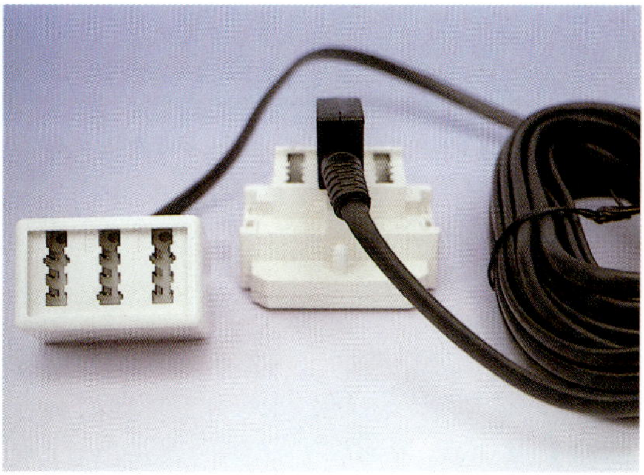

Vier Nebenstellen kann man an einer NFN-Dose betreiben, wenn man am F-Anschluß zusätzlich einen NFN-Adapter anlegt

dies nach dem Pfeifton tun. Wenn Sie eine Faxnachricht übermitteln möchten, starten Sie jetzt bitte Ihr Faxgerät.« Durch den Start des Faxgeräts am anderen Ende der Leitung schaltet sich dann auch das eigene Faxgerät an. Wenn ein Faxgerät Anschluß gesucht hat, wird das eigene Faxgerät sofort aktiviert.

Faxgerät: Wird ein Faxgerät mit einem Telefon oder anderen Zusatzeinrichtungen betrieben, empfiehlt es sich, es ebenfalls ans Ende einer N-codierten Buchsenreihe anzulegen. Besteht eine zweite Amtsleitung für das Faxgerät, sollte es als Zusatzgerät vorrangig angeschaltet werden.

Modem: Auch das Modem sollte man am Ende einer N-codierten Reihe anschalten, wenn es mit anderen Geräten an einer Amtsleitung angeschlossen wird.

Gebührenzähler: Er muß an die erste N-codierte Buchse angeschlossen werden. Nur so erfaßt er alle Gebühren, die durch die nachgeschalteten Zusatzgeräte und das Telefon verursacht werden. Wenn man hingegen ein Faxgerät in die linke N-codierte Buchse und den Gebührenzähler in die rechte N-codierte Buchse stecken würde, würden die Gebühren, die das Faxgerät verursacht, nicht erfaßt werden.

Nebenstellenanlagen/Separate Faxweichen: Hier ist den Anschaltanweisungen der Hersteller zu folgen. In der Regel ist genau benannt, wo welches Zusatzgerät angeschaltet werden soll.

Nebenstellenanlagen

Der Begriff »Nebenstellenanlage« bezeichnet Haustelefonanlagen, die an das Telefonnetz angeschlossen werden dürfen. An den verschiedenen Nebenstellen kann man entweder Telefone oder Zusatzgeräte wie Anrufbeantworter, Modem und Faxgerät betreiben. Ist an eine Nebenstelle ein Telefon angeschlossen, handelt es sich um eine Sprechstelle. Die einzelnen Endeinrichtungen kann man intern gezielt anwählen und unabhängig voneinander nutzen.

Nebenstellenanlagen gibt es in den verschiedensten Ausführungen, beispielsweise für eine oder mehrere Amtsleitungen und für vier oder mehr Nebenstellen. Für welche Anschlüsse die Anlagen ausgelegt sind, erkennt man an den allgemein üblichen numerischen Bezeichnungen mit Schrägstrich. Dabei markiert die erste Ziffer die Anzahl der Amtsleitungen, die zweite die Anzahl der Nebenstellen. Verbreitet sind vor allem »1/4«- und »2/8«-Anlagen für eine Amtsleitung und vier Nebenstellen bzw. zwei Amtsleitungen und acht Nebenstellen.
An die meisten Nebenstellenanlagen kann man auch eine Türsprechanlage anschließen. Bei einigen Anlagen ist dies anstelle einer Nebenstelle möglich, andere wiederum verfügen über gesonderte Anschlüsse. Beim Kauf sollte man darauf achten, ob der Türsprechanschluß in die Anzahl der angegebenen Nebenstellen eingerechnet wurde oder nicht. Für den privaten Bereich sind Nebenstellenanlagen für ein oder zwei Amtsleitungen interessant, weil man diese ohne weitere Genehmigung auch selbst an-

Die Bezeichnungen von Telefonanlagen verweisen auf die Anzahl der Amtsleitungen (hier zwei) und der Nebenstellen (sieben)

Unter der Gehäuseabdeckung einer Telefonanlage finden sich zahlreiche Anschlußmöglichkeiten

schließen darf. Nebenstellenanlagen für drei oder mehr Amtsleitungen dagegen verfügen über keine allgemeine Anschlußerlaubnis und dürfen nur von autorisierten Fachbetrieben installiert werden.

Die Abmessungen einer Nebenstellenanlage können sehr unterschiedlich ausfallen. Sie reichen bei kleinen Modellen von der Größe einer Zigarrenschachtel bis zum Umfang einer DIN A 4-Kladde. Normalerweise sind die Geräte flach konstruiert und verfügen über Wandhalterungen. In der Nähe des Montageortes muß sich bei größeren Anlagen ein 220-Volt-Stromanschluß befinden. Die meisten Geräte benötigen eine Niedervolt-Dauerstromspannung, die über entsprechende Netzteile sichergestellt wird.

An Art und Umfang von Amts- und Nebenstellenanschlüssen orientiert sich der Aufwand bei der Verkabelung. Bei kleinen Nebenstellenanlagen können die Endeinrichtungen direkt über TAE- oder Westernbuchsen angeschaltet werden. Üblicherweise verfügen Nebenstellenanlagen jedoch nur über einen oder zwei TAE-Direktanschlüsse. Die anderen Endstellen werden dann über eine Klemmleiste angeschlossen. Sie umfaßt nicht selten zwanzig und mehr Klemmen.

Nach der Installation müssen die Nebenstellenanlagen programmiert werden. Dazu zählt z. B., welche Telefone klingeln sollen, wenn ein Anruf eingeht. Am einfachsten geht es, wenn die Nebenstellenanlage über eine serielle Schnittstelle mit einem PC verbunden werden kann und sich alle Programmierschritte am Bildschirm verfolgen lassen.

Der Preis von Nebenstellenanlagen differiert erheblich – und oft ist der Qualitätsunterschied nicht auf Anhieb zu erkennen. Wichtige Faktoren, die auf den Preis Einfluß haben, sind:

- Anzahl der Amtsleitungen und der Nebenstellen
- integrierte Faxweiche
- Komfortfunktionen wie externe Wartemusik oder Gebührenerfassung

Generell gilt: Je mehr Amtsleitungen, Nebenstellen und Funktionen, desto teurer. Man kann viel Geld sparen, wenn man vor dem Fällen einer Kaufentscheidung verschiedene Geräte anhand der Kriterien Preis und Ausstattung vergleicht. Außerdem sollte zu diesem Zeitpunkt klar sein, welche Funktionen man wirklich benötigt. Eine teurere Anlage mit integrierter Faxweiche ist überflüssig, wenn man kein Faxgerät benutzt.

Funktionen von Nebenstellenanlagen

ANIS: Die Möglichkeit, die unter diesem Kürzel zusammengefaßten Zusatzleistungen der Telekom auch an den Nebenstellen zu nutzen.

Anklopfen: Ruftöne signalisieren im Gespräch, daß ein weiterer Anruf eingeht. Dieser kann von einem internen oder – bei zwei Amtsleitungen – von einem externen Apparat erfolgen.

Automatische Amtsbelegung: Jede Sprechstelle wird so programmiert, daß beim Abnehmen des Hörers sofort ein Amt geholt wird.

Automatischer Rückruf: Ein Telefon innerhalb der Nebenstellenanlage ist besetzt. In der Regel wird in das Besetztzeichen hinein die Nummer der Nebenstelle erneut gewählt. Das eigene Telefon wird dann automatisch angerufen, sobald das besetzte Telefon wieder frei ist. Nach Abnehmen des Hörers wird die nun freie Sprechstelle automatisch gerufen.

Amtssignalisierung: Jede Sprechstelle kann so programmiert werden, daß sie eingehende externe Anrufe signalisiert oder nicht.

Anrufschutz (Ruhe vor Telefon): Anrufe werden vorübergehend nicht signalisiert.

Berechtigung (Wahlsperre): Jede einzelne Sprechstelle kann vollamts- (ohne Einschränkung), Teilamts- (z. B. nur Ortsgespräche) oder nichtamtsberechtigt programmiert werden.

Coderuf/Dringlichkeitsruf: Eine bestimmte Tonruffolge wird als »Klingel-Name« vereinbart. Wenn eine bestimmte interne Rufnummer gewählt wird, signalisieren alle Sprechstellen diesen Rufton. Die betreffende Person weiß so, daß der Anruf für sie bestimmt ist. Es sind in der Regel verschiedene Coderufe programmierbar.

Gebührendurchschaltung: Der Gebührenimpuls, der bei der Telekom gesondert beantragt werden kann, wird an die Nebenstellen weitergeleitet. So können alle anfallenden Gebühren an der Verbindung der Nebenstellenanlage zur

Nebenstellenanlagen bieten unterschiedlichste Ausstattung, die man am Gerät selbst nicht erkennen kann

Monopoldose oder an einzelnen Endeinrichtungen abgefragt werden.

Gebührenerfassung: Die Anlage besitzt einen integrierten Gebührenzähler, der alle Gesprächslängen nach Nebenstellen differenziert aufführt und speichert. Wenn sie über eine Anschlußmöglichkeit an den PC (serielle Schnittstelle) verfügt, können die Daten des Gebührenzählers abgerufen und ausgedruckt werden.

Faxweiche: Eingehende Faxe werden erkannt und an den Nebenstellenschluß mit dem Faxgerät weitergeleitet. Es gibt »aktive« und »passive« Weichen; bei aktiven Weichen geschieht dies vollautomtisch, bei »passiven« erst nach Annahme des Gesprächs durch ein Telefon.

Gruppenruf/Sammelruf: Eingehende Telefonate werden an allen Endeinrichtungen der Anlage signalisiert. Von einer Nebenstelle aus können alle anderen Telefone gleichzeitig angerufen werden. Der Gesprächsaufbau erfolgt zu dem Endgerät, daß sich zuerst meldet.

Konferenzschaltung: Während eines Telefonats können weitere Gesprächspartner an Telefonen der Nebenstellenanlage einbezogen werden. Oft ist diese Funktion nur bei internen Gesprächen möglich.

Makeln: Nur bei zwei Amtsleitungen. Zwei externe Gespräche werden zugleich von einem Apparat aus geführt, wobei man zwischen den Gesprächsteilnehmern hin- und herschalten kann.

Nachtschaltung: Alle ankommenden Gespräche werden nur an einer zuvor programmierten Sprechstelle signalisiert.

Pick-Up: An einer anderen Nebenstelle eingehende interne und externe Anrufe können durch Pick-up zu jedem Telefon der Anlage geholt und dort angenommen werden.

Rückfrage: Ein Telefonat kann unterbrochen werden, um kurzfristig mit einer anderen Sprechstelle der Anlage Kontakt aufzunehmen.

Rufnummernspeicher: Von allen Sprechstellen aus können über Kurzwahlen dieselben Rufnummern angewählt werden. Einige Anlagen merken sich bis zu 100 Nummern.

Rufumleitung (Umlegen besonderer Art): Eingehende interne wie auch externe Anrufe können auf eine bestimmte Nebenstelle umgeleitet werden. Der Anruf wird dann direkt an dieser Sprechstelle signalisiert.

Türfreisprechstelle: Anschlußmöglichkeit einer Türsprechanlage. Klingeln an der Tür wird an allen Nebenstellen durch einen gesonderten Rufton signalisiert. Von allen Telefonen kann mit Personen an der Tür gesprochen werden.

Türöffner: Durch Wahl einer bestimmten Rufnummer kann ein elektrischer Türöffner betätigt werden.

Unteranlagenfähig: Die Telefonanlage kann man zusammen mit anderen Nebenstellenanlagen betreiben.

Vormerken der Amtsleitung: Ist die Amtsleitung besetzt, wird eine bestimmte Codenummer eingegeben. Das eigene Telefon meldet sich dann automatisch, wenn die Amtsleitung wieder verfügbar ist.

Wartemusik (Music on hold): Bei der Gesprächsübergabe von einem Telefon zum anderen hört der Anrufer Musik. Bei einigen Nebenstellenanlagen kann man diese Musik von einer externen Quelle aus selbst zuspielen. Andere Anlagen erlauben wiederum, zwischen verschiedenen Melodien zu wählen. Die Wartemusik wird in der Regel durch Ansagen wie »Bitte warten!« unterbrochen.

Weiterschaltung: Ein Telefonat kann an eine andere Sprechstelle übergeben werden.

Installation von Nebenstellenanlagen

Die Installation von Nebenstellenanlagen vor allem für mehr als fünf Nebenstellen ist oft recht schwierig. Dies liegt an der großen Anzahl von Kabeln, die der Anlage zugeführt und dort angeschlossen werden müssen.

Dies sind bei einer Anlage für eine Amtsleitung, vier Nebenstellen und einen Türfreisprecher mit Türöffner folgende Verbindungen:

- zwei Adern der Amtsleitung, von der Monopol-TAE der Telekom kommend,
- je zwei Adern für jede Nebenstelle, also bei vier Nebenstellen acht Adern,
- zwei Adern für Sprechen und Hören der Tür-Freisprecheinrichtung (siehe auch Seite 87),
- zwei Adern für den Türöffner (siehe auch Seite 87).

Zu diesen Anschlüssen kommt die Stromversorgung – also die Zuleitung zu einem entsprechenden Netzteil – hinzu. Neben diesen Standardanschlüssen verfügen einige Nebenstellen-

Die vielfältigen Anschlüsse einer Nebenstellenanlage setzen eine genaue Planung voraus

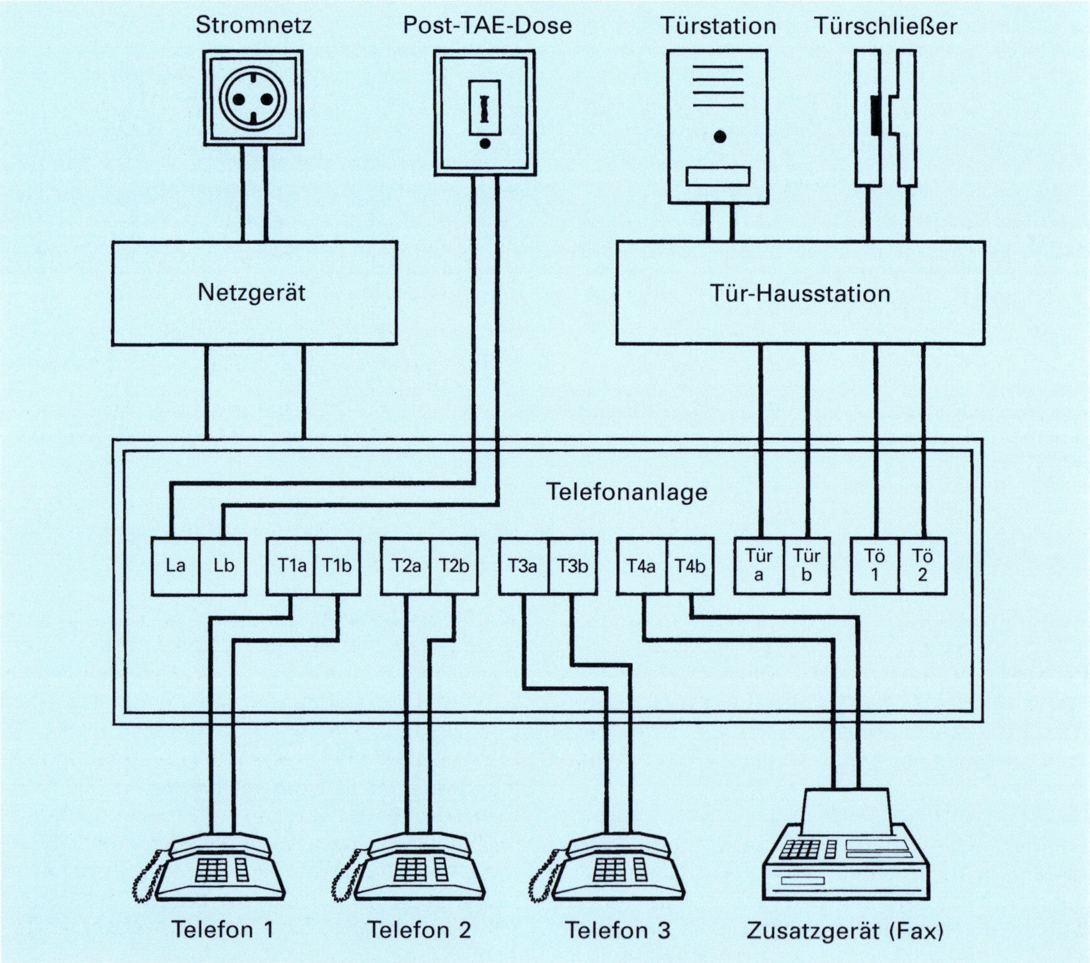

Nebenstellenanlagen werden sinnvollerweise in der Nähe von Monopoldose und Stromanschluß montiert

Bei Bohrungen für die Halterung der Anlage sind unter Putz liegende Leitungen zu beachten

Die Nebenstellenanlage wird dann mit den im Bausatz mitgelieferten Schrauben fest montiert

Ein Kabelschacht ist besonders geeignet, um die vielen verschiedenen Kabel zur Anlage zu führen

anlagen über Anschlußmöglichkeiten von Tonrufzweitgeräten oder Computern (serielle Schnittstelle).

Am schwierigsten ist es, im Kabelwirrwarr zu erkennen, welche Adern eigentlich welcher Nebenstelle zuzuordnen sind. Die Kabelfarben erweisen sich hier als große Hilfe. Allerdings laufen in der Regel an einer Nebenstelle mehrere Telefonkabel mit denselben Kabelfarben zusammen.

Vor der eigentlichen Installation entwirft man daher am besten einen genauen Plan für die spätere Kabelzuführung. Dabei sollten die Kabelwege schon in den Farben eingezeichnet werden, die auch die Verbindungskabel aufweisen. Außerdem ist zu berücksichtigen, daß man über ein Telefonkabel mindestens zwei Telefone anschließen kann.

Abschließend prüft man jede Verbindung zu einer Nebenstelle separat. Diese Prüfung nimmt man am besten zu zweit vor. Hilfestellung geben eine kleine Batterie und eine kleine Glühbirne, z. B. aus einer Taschenlampe. Wenn die zwei Adern an der Nebenstelle an Plus und Minus der Batterie angelegt werden und auf der Gegenseite das Leuchtmittel angeschlossen wird, leuchtet dieses bei einer intakten Verbindung auf. Die Adern einer Verbindung zu einer Nebenstelle faßt man am besten zusammen und kennzeichnet sie mit einem beschrifteten Klebeband.

Ein externer Wecker kann auf Gipskarton- oder Holzwänden direkt angeschraubt werden

Die Kabel für die einzelnen Nebenstellen werden an den entsprechenden Klemmen angelegt

Feinheiten bei der Planung berücksichtigen

Soll ein Faxgerät an der Nebenstellenanlage betrieben werden, erfordert eine integrierte Faxweiche besondere Aufmerksamkeit. Diese ist in der Regel nur für eine bestimmte Nebenstelle oder eine der beiden Amtsleitungen ausgelegt.

Vor der Planung sollte man das Handbuch der Nebenstellenanlage genau studieren. Der Teufel steckt auch hier wie so oft im Detail. Bei einigen Anlagen kann man z. B. nur an bestimmten Nebenstellen Amtsberechtigungen ausschalten oder Rufvarianten wie die Nachtschaltung aktivieren.

Die Nebenstellenanlage installiert man am besten direkt in der Nähe der TAE-Monopoldose und eines 220-Volt-Stromanschlusses. Dabei spielt es letztlich keine Rolle, ob die Anlage an einen F- oder N-codierten Anschluß angelegt wird.

Zuerst montiert man die TAE-Dosen für die Nebenstellen (siehe auch Seite 20 ff.) und führt dann die Anschlußkabel zur Nebenstellenanlage (siehe auch Seite 23 ff.). Die Verbindungen zur Türfreisprecheinrichtung und zum Türöffner nimmt man am einfachsten von einer vorhandenen Hausstation oder direkt von der Türstation ab (siehe auch Seite 85 ff.).

Die Anschlüsse in der Nebenstellenanlage sind alle genau gekennzeichnet. Die Klemmen der Anschlußleisten sind mit Kürzeln versehen. Im Regelfall sind sie mit folgender Kennzeichnung versehen:

- »Amt a und b« für den Anschluß der Monopoldose der Telekom
- »T1a und T1b« für Nebenstelle 1, »T2a und T2b« für Nebenstelle 2, »T3a und T3b« für Nebenstelle 3 und so fort.
- »Tür a und b« für Sprechen und Hören einer Türfreisprecheinrichtung
- 2 x TÖ für die beiden Zuleitungen des Türöffners
- evtl. »Wecker 1 und 2« für ein Tonrufzweitgerät.

Zuerst legt man die Anschlüsse für die Nebenstellen und den Türfreisprecher bzw. Türöffner an. Danach erfolgt der Anschluß eines Kabels mit TAE-Stecker für die Verbindung zur Amtsleitung an der Nebenstellenanlage. Der Anschluß an der TAE-Monopoldose unterbleibt vorerst;

dafür wird die Nebenstellenanlage allerdings schon mit Strom versorgt. Jetzt führt man einen Test der Nebenstellenanlage durch. Dazu führt man verschiedene interne Gespräche zu allen Nebenstellen und probiert den Betrieb von Türfreisprecheinrichtung und Türöffner aus. Erst wenn dieser Test erfolgreich verlaufen ist, stellt man die endgültige Verbindung zum Telefonnetz her. Zuletzt muß die Telefonanlage nur noch von einem Telefon aus entsprechend der Bedienungsanleitung programmiert werden.

Materialliste:

Telefonanlage
Externer Wecker
Telefonkabel
Kabelschacht
Dübel+Schrauben
Schellen

Werkzeugliste:

Schlagbohrmaschine
Steinbohrer
Schlitzschraubendreher verschiedener Größen
Abisolierzange
Hammer
Säge

Einige Zuführungen, wie hier zum externen Wecker, befestigt man am besten mit Nagelschellen

Um die Anschlüsse der Nebenstellen zu testen, muß die Anlage mit Strom versorgt werden

Sind schließlich alle Einrichtungen korrekt angeschlossen, wird die Verblendung vorgesetzt

Erst nach einer Prüfung der Telefonanlage wird diese an die Post-Monopoldose angeschlossen

ISDN

ISDN – dieses Kürzel steht für **I**ntegrated **S**ervice **D**igital **N**etwork, zu deutsch: Dienste integrierendes digitales Kommunikationsnetz. Es bezeichnet die digitale Weiterentwicklung vor allem des Telefonnetzes und besitzt viele neue und verbesserte Leistungsmerkmale:
- Qualitätsverbesserungen beim Telefonieren
- Neue Anwendungsmöglichkeiten und Dienste wie zum Beispiel Bildtelefonieren
- Schnellere Datenübertragung

Man unterscheidet ISDN-Schmalband und ISDN-Breitband. ISDN-Schmalband vereint Telefon- und IDN-Netz (**I**ntegriertes **T**ext- und **D**aten-Netz) zur Übertragung von Daten zwischen Großrechnern. Mit ISDN-Schmalband ist eine Datenübertragung von 64 kbit pro Sekunde möglich. Diese Technik bietet die Telekom schon an. ISDN-Breitband arbeitet mit 140 MBit/s, ist aber noch Zukunftsmusik. Durch die Nutzung von zwei Kanälen ist es heute schon möglich, 128 kbit/s zu erreichen.

Europaweit setzt sich hingegen Euro-ISDN durch. Diese Technik wird von 20 Ländern – darunter auch Österreich, der Schweiz und Deutschland – eingesetzt. Bei uns kann man zwischen ISDN und Euro-ISDN wählen. Unterschiede bestehen vor allem in den Übertragungsstandards und den Leistungsmerkmalen. Euro-ISDN bietet mehr (z. B. Konferenzschaltungen mit bis zu zehn Teilnehmern) und ist zukunftssicher. ISDN-Endgeräte können nicht ohne weiteres an Euro-ISDN-Anschlüssen betrieben werden; man benötigt dazu einen gesonderten bilingualen Anschluß.

Das Display eines ISDN-Telefons kann die Rufnummer des Teilnehmers anzeigen, der gerade anruft

Die Vorteile von ISDN können nur mit speziellen ISDN-Endgeräten ausgeschöpft werden. Man kann aber auch herkömmliche, analoge Geräte einsetzen. Sie werden über einen Adapter, den sogenannten »a/b-Adapter«, an ISDN angeschaltet. Damit stehen allerdings viele Leistungsmerkmale von ISDN nicht zur Verfügung.

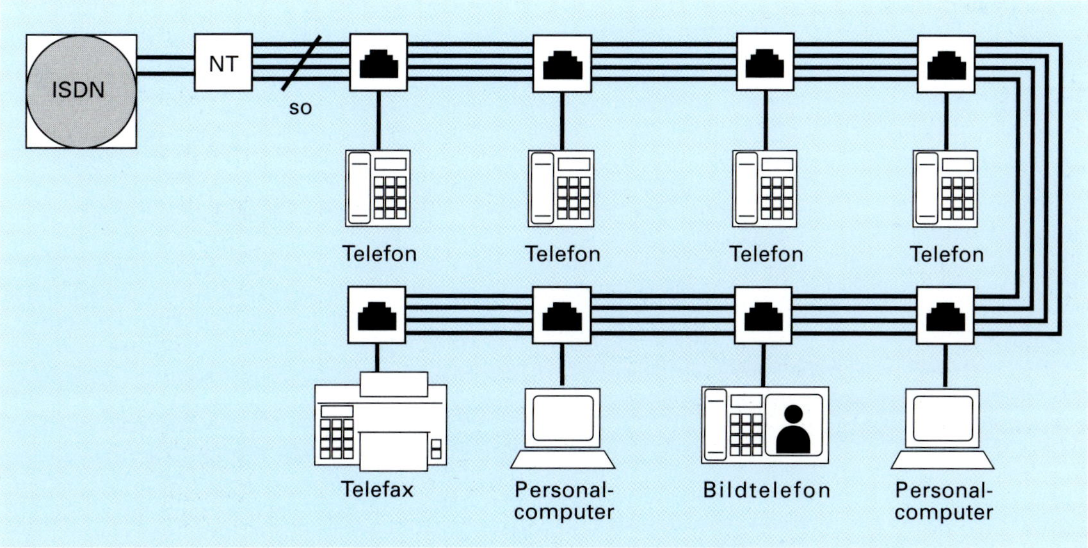

An einem ISDN-Basisanschluß können bis zu acht Endgeräte angeschaltet werden

Telefone für Euro-ISDN unterscheiden sich äußerlich kaum von denen für das nationale ISDN

Ein ISDN-Faxgerät arbeitet viel schneller als seine analogen Kollegen. Eine DIN A4-Seite wird in rund 12 Sekunden übertragen

Schneller und besser Kommunizieren

Vorteile bringt ISDN schon beim Telefonieren. Der Verbindungsaufbau erfolgt deutlich schneller als beim Telefonnetz. Die Sprachqualität ist besser, Knacken und Rauschen sind Vergangenheit. Man kann sogar Musik in CD-Qualität übertragen. Dazu kommen viele Komfort- und Leistungsmerkmale wie Anklopfen, Rufnummernanzeige oder Konferenzschaltungen. Dank der hohen Übertragungsgeschwindigkeit der Daten braucht eine DIN A 4-Seite nur noch 12 Sekunden, wenn zwei ISDN-Faxgeräte miteinander kommunizieren. ISDN-Modems bewältigen auch große Datenmengen in kurzer Zeit. Im Rahmen von BTX dauert der Seitenaufbau nur noch rund eine Sekunde. Bildtelefonieren ist sicherlich die faszinierendste Neuerung. Dafür benötigt man spezielle Endgeräte mit Kamera und LCD-Bildschirm. Die Bildwiedergabe kann aber auch über einen Computerbildschirm erfolgen.

Die Anschlußarten

Für Leitungsführung und Anschluß von Endeinrichtungen gelten bei ISDN andere Voraussetzungen und Bestimmungen als im Telefonnetz. Man unterscheidet zwei Arten von Anschlüssen:
- den Primärmultiplexanschluß für größere Unternehmen und
- den Basisanschluß für den privaten Bereich sowie kleine Unternehmen.

Der Basisanschluß weist folgende Leistungsmerkmale auf:
- Es können bis zu vier Telefone und vier weitere Endeinrichtungen angeschaltet werden
- Es sind zwei externe Verbindungen gleichzeitig möglich
- Für die acht Endeinrichtungen können 12 Anschlußdosen an einer Verbindung von maximal 130 Metern Länge installiert werden

Der ISDN-Basisanschluß arbeitet mit zwei Nutzkanälen (B1/B2) und dem Steuerkanal D. Die beiden B-Kanäle übertragen ausschließlich Sprache, Text oder Daten. Der Steuerkanal wickelt die notwendigen Signalisierungen ab. So wird es möglich, Gebühren während des Telefonats anzeigen zu lassen oder im Display die Rufnummer des anderen ISDN-Teilnehmers abzufragen.

Der ISDN-Basisanschluß ersetzt eine kleine Nebenstellenanlage. Die einzelnen Endeinrichtungen an einem Basisanschluß können gezielt angewählt, oder externe Gespräche können an andere Telefone weitervermittelt werden.

ISDN ist teuer. Anschluß- und monatliche Grundgebühren liegen weitaus höher als bei vergleichbaren Doppelanschlüssen im Telefonnetz. ISDN-Endgeräte sind außerdem deutlich teurer als ihre analogen Geschwister.

Leistungsmerkmale im ISDN

Anklopfen: Akustische Signale zeigen an, wenn während eines Gesprächs ein weiterer interner oder externer Teilnehmer anruft. Die Rufnummer eines ISDN-Teilnehmers wird im Display angezeigt.

Anrufweiterschaltung: Dieses Komfortmerkmal wird durch die zwei Amtsleitungen ermöglicht, die in ISDN verfügbar sind. Im ISDN-Telefon wird die Rufnummer programmiert, unter der man vorübergehend erreichbar sein wird. Geht ein Gespräch ein, wählt das Gerät automatisch auf der zweiten Leitung die programmierte Rufnummer. So wird der Anruf direkt zu einem externen Apparat weitergeschaltet. Diese Schaltung läßt sich für jeden Dienst einrichten, also zum Beispiel auch für das Faxen. Die Anrufweiterschaltung kann nicht nur bei Abwesenheit, sondern auch bei besetztem Telefon erfolgen.

Automatischer Rückruf: Ist das Telefon eines gewünschten Gesprächsteilnehmers besetzt, wird bei aktivierter Funktion signalisiert, wann der Teilnehmer sein Gespräch beendet hat.

Dienstewechsel: Während einer Verbindung kann der Dienst gewechselt werden, ohne daß die Verbindung zusammenbricht. So kann man z. B. erst telefonieren und dann ein Fax versenden (nicht bei Euro-ISDN).

Durchwahl: Die Nebenstellen eines ISDN-Anschlusses können auch von externen Anschlüssen aus gezielt angewählt werden. Die interne Nummer der ISDN-Sprechstelle wird beim Wählen an die eigentliche Rufnummer angehängt. So wird eine direkte Verbindung nur zu dieser Nebenstelle aufgebaut. Für diese Funktion ist keine zusätzliche Nebenstellenanlage erforderlich.

Einzelgebührennachweis: Die Dokumentation aller einzelnen Gespräche kann beantragt werden, also Einzelnachweise über die gewählten Rufnummern und die Länge der Telefonate. So lassen sich Telefonrechnungen genau prüfen.

Fangschaltung: Auf Antrag kann ermittelt werden, von welcher Rufnummer ein Anruf erfolgt.

Gebührenanzeige: Während eines Telefonats werden die anfallenden Gebühren angezeigt.

Geschlossene Benutzergruppen: Für bestimmte Dienste, zum Beispiel die Datenfernübertragung, können geschlossene Benutzergruppen definiert werden. Dann können nur die dieser Gruppe zugehörigen Teilnehmer über die Rufnummer kommunizieren. So beugt man zum Beispiel unberechtigtem Datenzugriff vor.

Konferenzschaltungen: Diese Funktion ist nur im Rahmen von Euro-ISDN und einem Primärmultiplexanschluß möglich. Es können sich maximal zehn Teilnehmer zu einer Telefonkonferenz zusammenfinden.

Makeln: An einem Telefon kann zwischen zwei Gesprächen hin- und hergeschaltet werden.

Parken: Während eines Gesprächs kann das Telefon aus der Dose genommen und an einer anderen Dose wieder eingesteckt werden, ohne daß die Verbindung zusammenbricht. Die Verbindung wird für ca. zwei Minuten aufrechterhalten.

Rufnummernanzeige: Schon während der Anwahl zeigt das Display des angerufenen Telefons, von welcher Rufnummer aus es angerufen wird. Es ist möglich, diese Funktion zu unterbinden.

Sperren: Jedes ISDN-Telefon kann amtsberechtigt, teilamtsberechtigt (zum Beispiel keine Ferngespräche) oder nicht amtsberechtigt geschaltet werden. So kann es vor unbefugter Nutzung geschützt werden.

Anschluß von ISDN-Geräten an einen Basisanschluß

Die Anschlußarbeiten setzen genaue Kenntnisse voraus und sollten von Fachunternehmen ausgeführt werden.

Die Telekom installiert den Network-Terminator (NT), der die Verbindung zum Netzknoten schafft, zusammen mit dem Basisanschluß (BA). In den Basisanschluß ist die international genormte So-Schnittstelle integriert, von der aus die Verbindung zu den Endgeräten als passiver Bus geführt wird. Bei dem BA kann es sich um eine separate Dose oder einen Anschluß in Western-Technik handeln. In der Regel ist dieser Anschluß mit dem Kürzel »So« gekennzeichnet. Der BA ist mit der TAE-Monopol-Dose im Telefonnetz vergleichbar. NT und Ba fallen in den Monopol-Bereich der Telekom und dürfen nicht angetastet werden.

Den TAE-Dosen zum Anschalten von Endgeräten im Telefonnetz entsprechen die Dosen für ISDN-Anschluß-Einheiten (IAE). Sie arbeiten auf Basis der Western-Technik. Auf dem Markt sind viele verschiedene Dosen erhältlich, so zum Beispiel in Aufputz-, Unterputz- oder Einbau-Version. Außerdem gibt es Universal-Anschluß-Einheiten (UAE) für analoge oder digitale Endgeräte. Im Regelfall sind die beiden folgenden Varianten von Interesse:
- IAE-Dose 8(4) zum Anschluß eines ISDN-Gerätes und
- IAE-Dose 2 x 8(4) zum Anschluß von zwei ISDN-Geräten.

Die zwölf IAE-Anschlüsse, die an einen Basisanschluß angelegt werden dürfen, müssen in Reihe geschaltet werden. Die Gesamtlänge des Kabelweges darf 130 Meter nicht überschreiten. Jedes Anschlußkabel einer Endeinrichtung an eine IAE-Dose darf nicht länger als zehn Meter sein. In der letzten IAE-Dose der Reihe müssen zwei Endwiderstände installiert werden (100 Ω). Werden sie nicht eingesetzt, kommt es zu erheblichen Funktionssstörungen.

Die Verbindung zwischen den IAE-Dosen kann mittels eines Telefonkabels hergestellt werden. Am besten benutzt man die Leitungstypen J-Y (St) Y 2x2x0,6 Lg oder A-2Y(St) 2x2x0,6 St III Bd. Für die Schaltung sind vier Adern erfor-

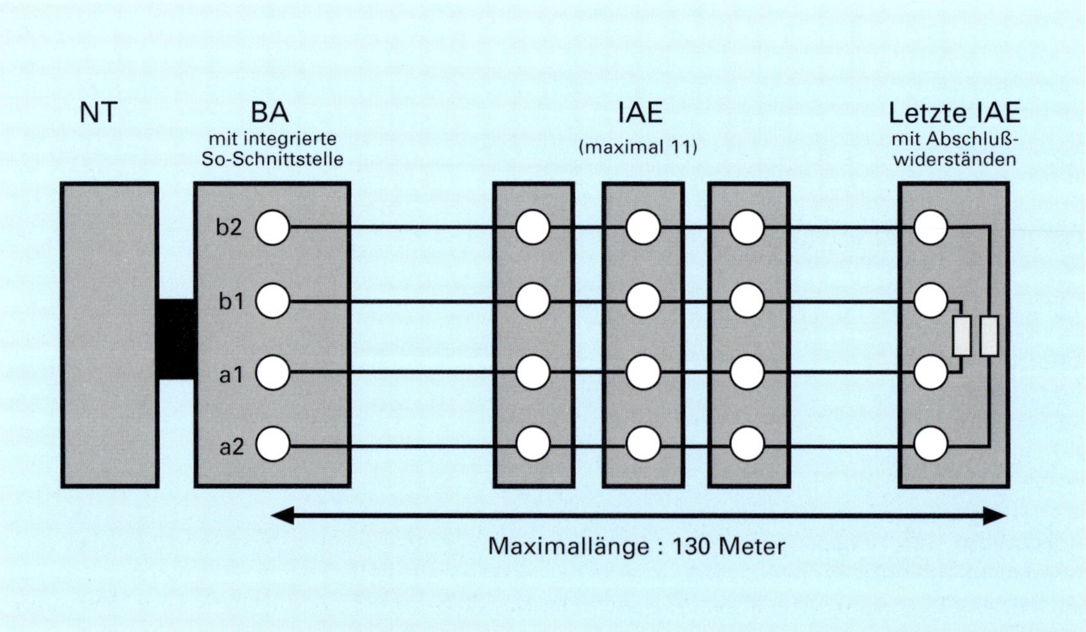

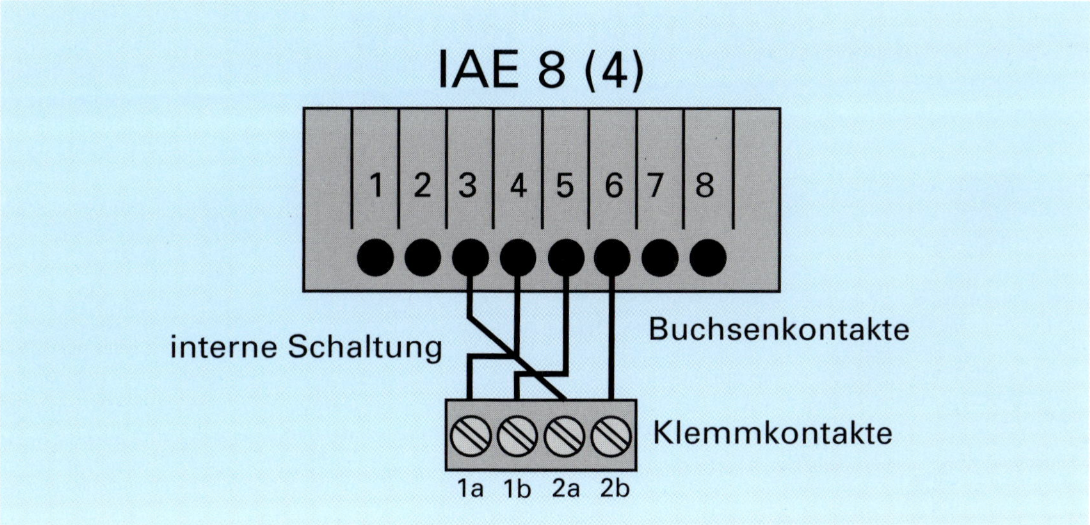

Innerhalb der IAE-Dosen wird die vieradrige Verbindung weitergeführt

derlich, deren Klemmen in den Dosen mit a1, a2, b1 und b2 bezeichnet sind.

Die Farben der Kabel, über die sie miteinander verbunden werden, sind genormt (DIN VDE 0891 zur Verwendung von Kabeln und isolierten Leitungen für Fernmeldeanlagen und Informationsverarbeitungsanlagen). Bei dem Leitungstyp J-Y (St) Y 2x2x0,6 Lg sind a1 rot, a2 weiß, b1 schwarz und b2 gelb zu belegen. Bei dem Leitungstyp A-2Y(St) 2x2x0,6 St III Bd hingegen ist a1 gelb, a2 grün, b1 rot und b2 blau.

IAE-Dosen gibt es in verschiedenen Varianten, so zum Beispiel für ein (links) oder zwei Endgeräte (rechts)

Telefon-Planung

Die folgenden Planungsdaten beziehen sich auf die Kommunikation über das Telefonnetz. Sie differenzieren unterschiedlichen Kommunikationsbedarf:

1. geringer Kommunikationsbedarf – telefonieren über eine Amtsleitung;
2. mittlerer Kommunikationsbedarf – komfortabel telefonieren über eine Amtsleitung;
3. gehobener Kommunikationsbedarf – komfortabel telefonieren und Nutzung der wichtigen Kommunikationstechniken;
4. hoher Kommunikationsbedarf – mindestens zwei externe Verbindungen gleichzeitig, Nutzung aller aktuellen Kommunikationstechniken.

Bei den Planungsdaten haben kostengünstige Lösungen immer Vorrang vor kostenintensiven Einrichtungen (z. B. Schaltung Faxgerät ohne Faxweiche oder Einfach- statt Dreier-TAE-Dose). Die angegebenen Gerätekonfigurationen lassen sich entsprechend den individuellen Anforderungen ummünzen. Beim Betrieb mehrerer Telefone ist auch die gemeinschaftliche Verbindung über ein Telefonkabel mit mehreren Adern möglich.

I. Kleine Wohnung, geringer Kommunikationsbedarf

Anforderung:
Komfortables Telefonieren ohne hohe Kosten
1 Amtsleitung
Einsatzbereich: Wohnbereich
keine Kabelverlegung
220 V Stromanschluß erforderlich

Ausstattung
1 Komforttelefon
1 Anrufbeantworter
1 FNN Adapter*
*Nur notwendig, wenn Postdose nur F

Alternative:
Kombigerät mit Telefon und Anrufbeantworter und/oder Faxgerät

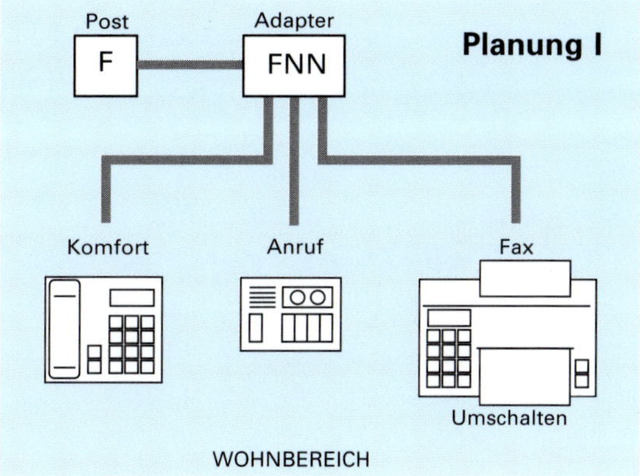

Erweiterung:
Anschluß eines Faxgerätes/Modems ohne weiteres möglich

II. Kleine Wohnung, mittlerer Kommunikationsbedarf

Anforderung:
Telefonieren von zwei Räumen aus ohne Kabelverlegung

1 Amtsleitung
Einsatzbereiche: Wohnbereich, zweiter Raum (z. B. Schlafzimmer)
keine Kabelverlegung
220 Volt Anschluß im Wohnbereich und im zweiten Raum

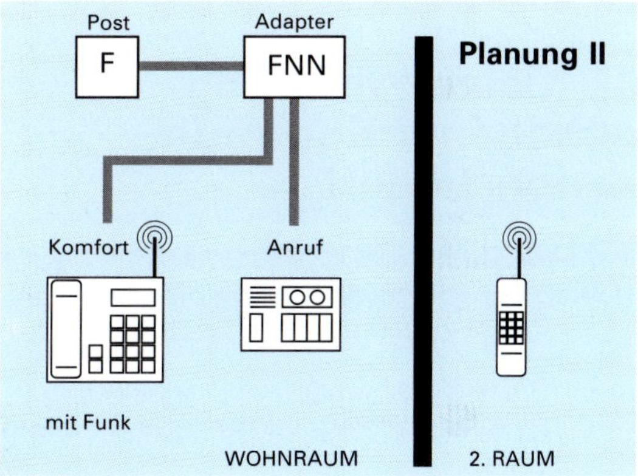

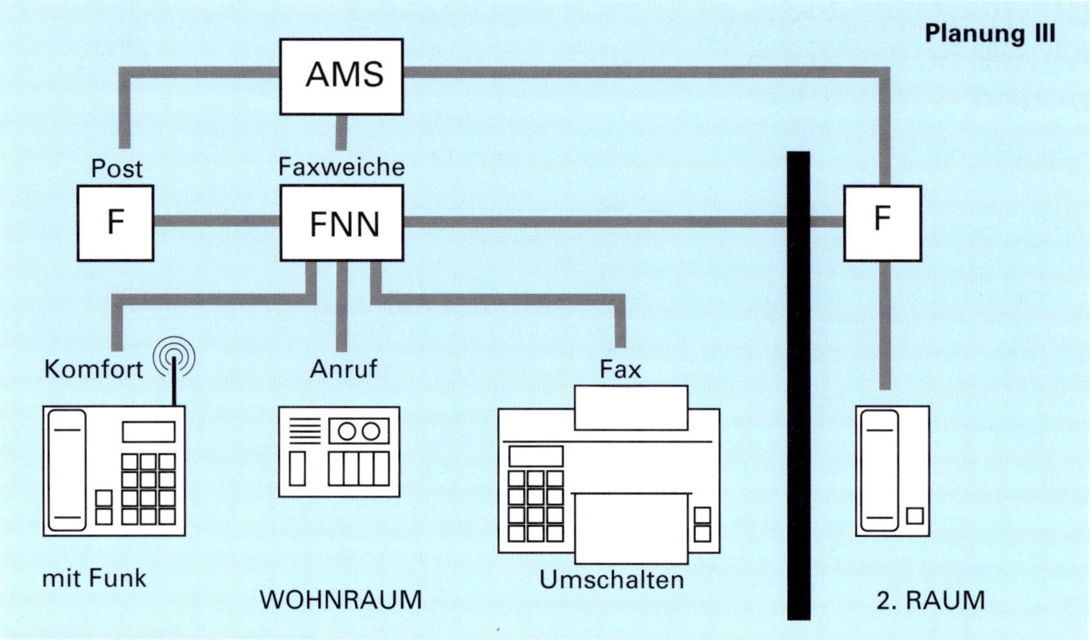

Ausstattung
1 Komforttelefon mit Funkanschluß für ein weiteres Funktelefon
1 Funktelefon (passend zum Komforttelefon)
1 Anrufbeantworter
1 FNN Adapter*
*Nur notwendig, wenn Postdose nur F

Erweiterung:
Anschluß eines Faxgerätes/Modems ohne weiteres möglich

III. Kleine Wohnung, gehobener Kommunikationsbedarf

Anforderung:
Ein Haupttelefon mit Anrufbeantworter und Fax, ein weiteres Telefon in einem zweiten Raum
1 Amtsleitung

Einsatzbereiche: Wohnbereich, Zweiter Raum (z. B. Schlafzimmer)

Kabelverlegung mit geringem Aufwand
220 Volt Anschluß im Wohnbereich und im zweiten Raum

Ausstattung
1 Komforttelefon
1 Standardtelefon
1 Anrufbeantworter
1 Faxgerät/Modem
1 Faxweiche**
1 AMS
1 F-Dose
**nur bei Betrieb von Faxgerät

Funktion:
- Signalisieren der Anrufe bei beiden Telefonen
- bei Betrieb eines Telefons Stummschaltung des zweiten Apparats
- Gesprächsübergabe möglich
- automatische Faxerkennung

Alternativen:
Im Wohnbereich: Kombigerät aus Komforttelefon und Anrufbeantworter
Im zweiten Raum: Funktelefon

Erweiterung:
Im zweiten Raum: Montage einer FNN-Dose (statt nur F) und Anschluß von Modem/Fax

IV. Größere Wohnung, Mittlerer Kommunikations-bedarf

Anforderung:
Telefonieren von allen Räumen aus, gezielter Internruf und Gesprächsübergabe, keine Kabelverlegung

1 Amtsleitung
Einsatzbereiche: Diele, mehrere weitere Räume (Wohnen, Schlafen, Kind, etc.)
keine Kabelverlegung
220 Volt Anschluß im Wohnbereich und in allen weiteren Räumen

Ausstattung
1 digitale Funktelefonanlage
Mehrere Funktelefone (passend zu Funktelefonanlage)
1 Anrufbeantworter
1 FNN Adapter*
*Nur notwendig, wenn Postdose nur F

Erweiterung:
Anschluß eines Faxgerätes/Modems ohne weiteres möglich

V. Größere Wohnung, gehobener Kommunikationsbedarf

Anforderung:
Komfortabel Telefonieren in den am meisten genutzten Räumen und Nutzung aller wichtigen Dienste

1 Amtsleitung
Einsatzbereiche: Diele, Wohnen, Arbeiten, Schlafen,
Kabelverlegung mit höherem Aufwand
220 Volt Anschluß in Diele, Arbeiten und Wohnen

Ausstattung
1 Komforttelefon
1 Funktelefon
2 Standardtelefone
1 Anrufbeantworter
1 Faxgerät
1 Faxweiche
1 Modem
1 FNN-Dose
2 F-Dosen
1 AMS 1/4

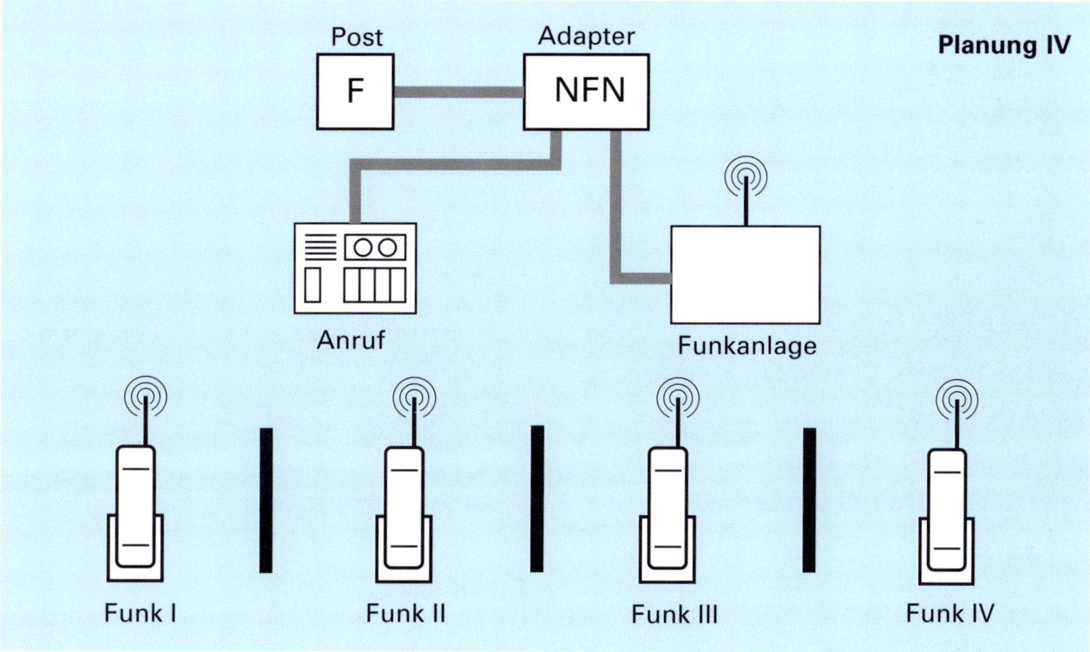

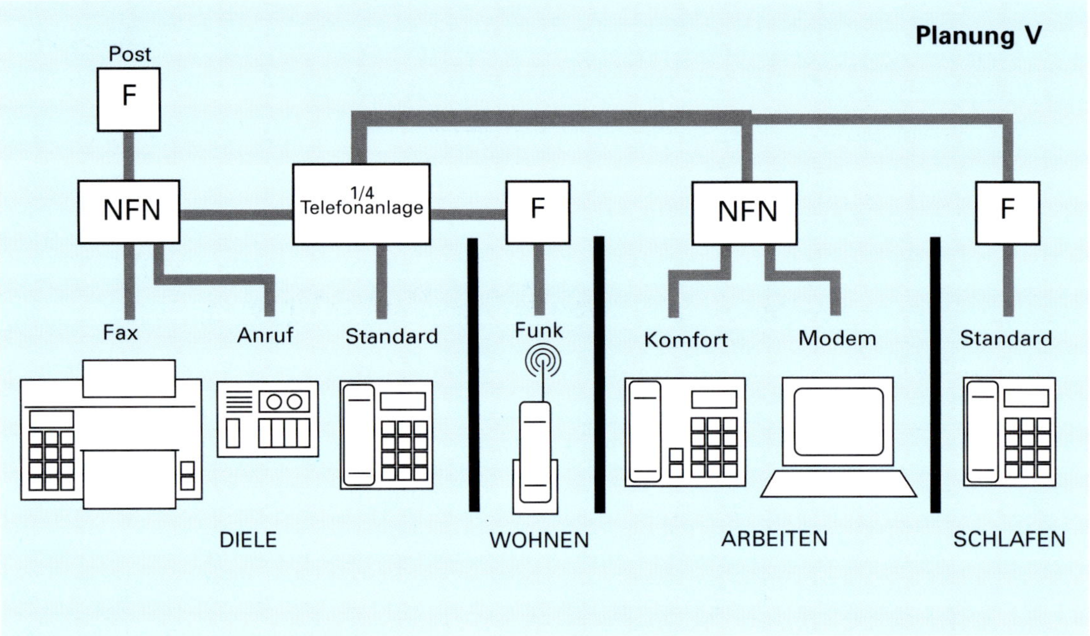

Funktion:
- Fax im Dauerstandby, Empfang nach erstem Läuten
- Kommunikationszentrum in der Diele, neue Faxnachrichten und Anrufe auf dem Anrufbeantworter bei Betreten der Wohnung im Blick
- Signalisieren der Anrufe bei allen Telefonen
- bei Betrieb eines Telefons Stummschaltung der weiteren Apparate
- Gesprächsübergabe möglich

Alternativen:
Wohnen: Statt Funktelefon ein Komforttelefon
Arbeiten: Fax nicht in der Diele, sondern am Arbeitsplatz, dann Faxweiche und FNN-Dose in Diele und Arbeitszimmer tauschen.

VI. Größeres Haus, hoher Kommunikationsbedarf

Anforderung:
Sämtliche Möglichkeiten moderner Kommunikation von allen relevanten Räumen nutzen und zwei externe Gespräche zugleich führen können
2 Amtsleitungen
Einsatzbereiche: Diele, Wohnen, Arbeiten
3 weitere Räume (z. B. Schlafen, Kind, Küche oder Keller)
Tür
Kabelverlegung mit hohem Aufwand
220 Volt Anschlüsse: Diele, Wohnen, Arbeiten, Küche
Türsprechanlage und Türöffner vorinstalliert

Ausstattung
2 Komforttelefone
1 Funktelefon
3 Standardtelefone
1 Anrufbeantworter
1 Faxgerät
1 Modem
2 FNN-Dosen
1 N-Dose
4 F-Dosen
1 AWADo 1/2
1 Nebenstellenanlage für 2 Amtsleitungen, 6 Nebenstellen, Türsprechanlage und Türöffner

Funktion:
- Fax im Dauerstandby, Empfang nach erstem Läuten

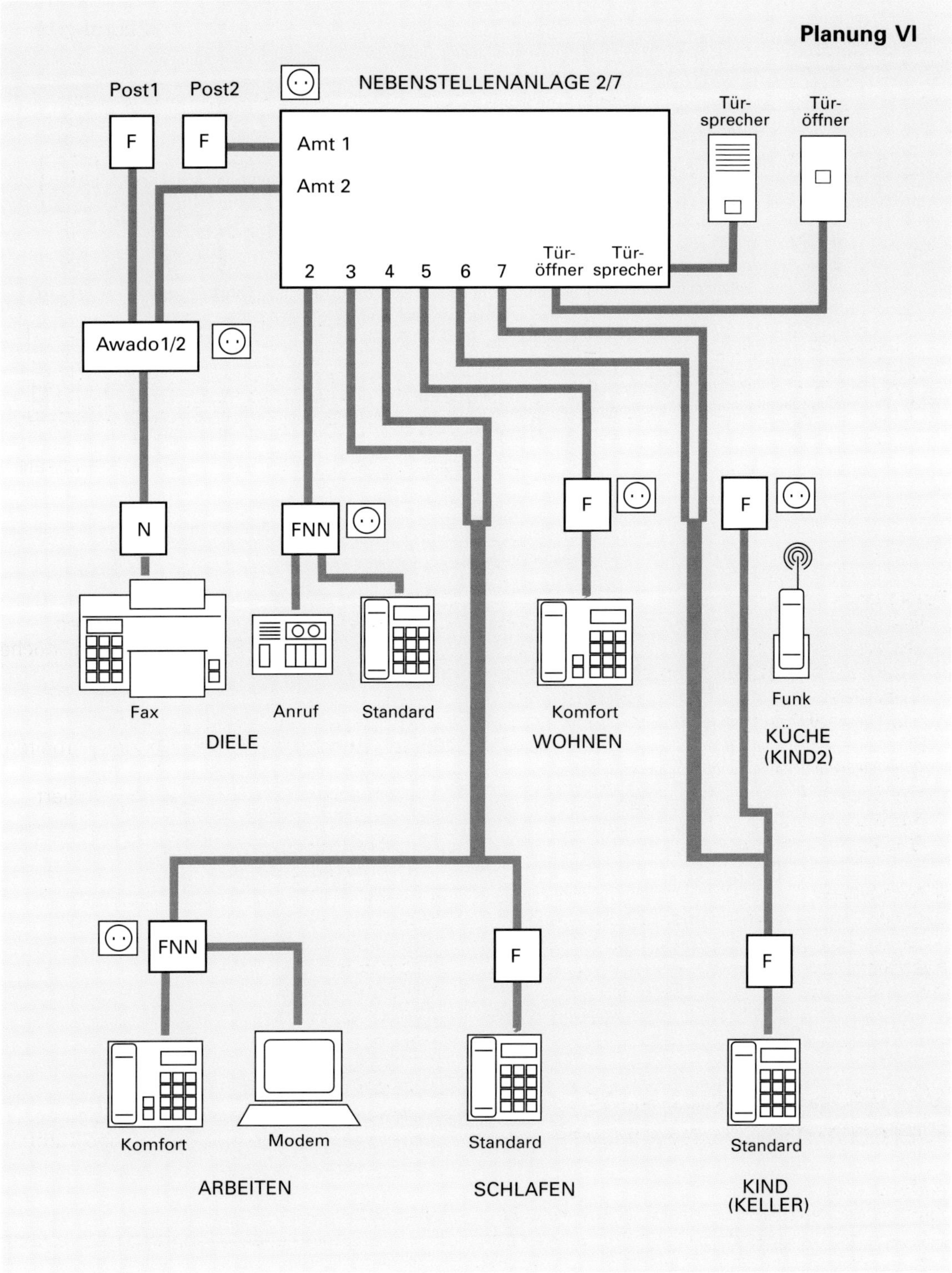
Planung VI
NEBENSTELLENANLAGE 2/7
Post1
Post2
F
F
Amt 1
Amt 2
2
3
4
5
6
7
Tür-
öffner
Tür-
sprecher
Tür-
sprecher
Tür-
öffner
Awado1/2
N
FNN
F
F
Fax
Anruf
Standard
Komfort
Funk
DIELE
WOHNEN
KÜCHE
(KIND2)
FNN
F
F
Komfort
Modem
Standard
Standard
ARBEITEN
SCHLAFEN
KIND
(KELLER)

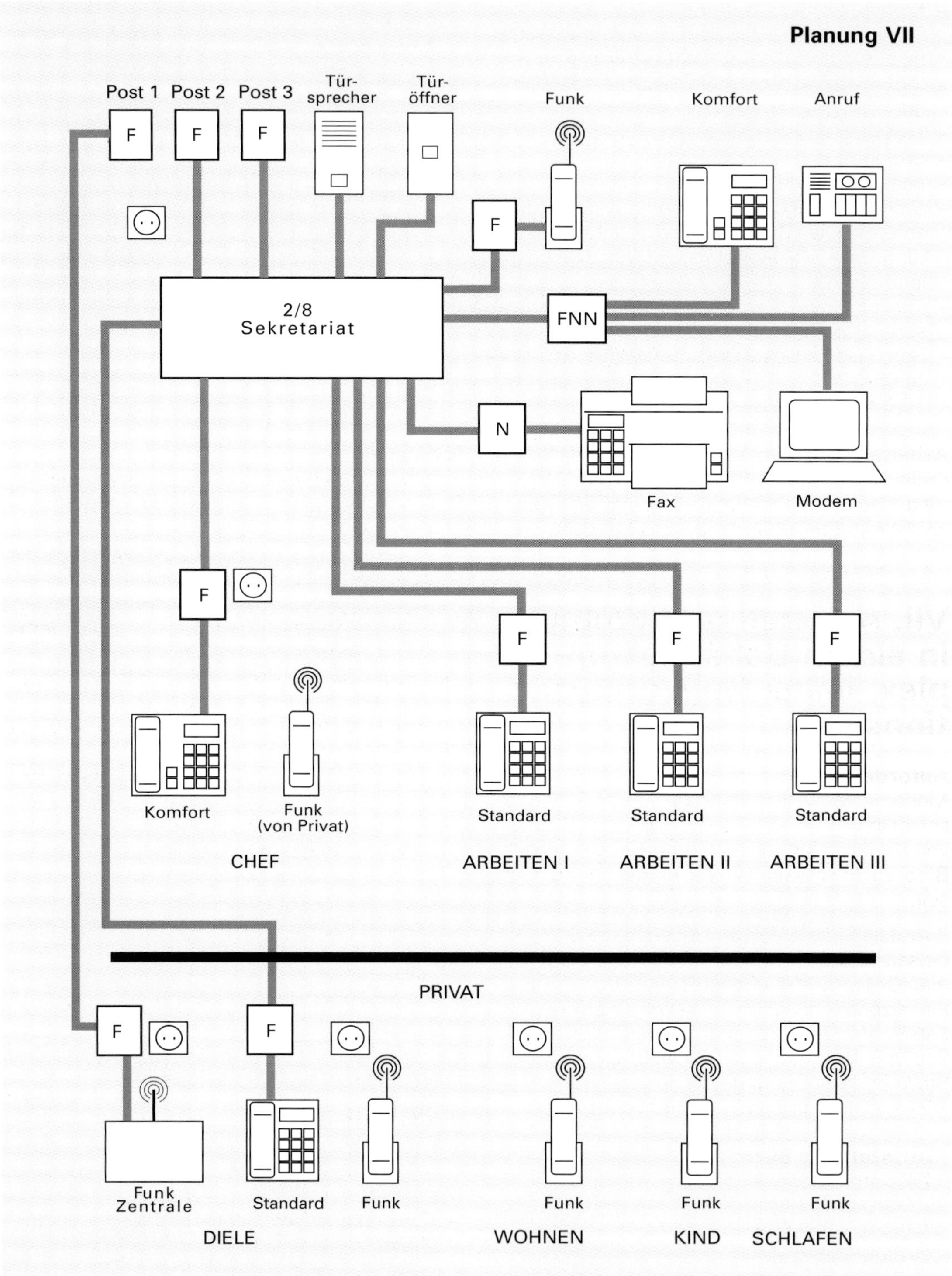
Planung VII
Post 1
Post 2
Post 3
Tür-
sprecher
Tür-
öffner
Funk
Komfort
Anruf
F
2/8
Sekretariat
FNN
N
Fax
Modem
Komfort
Funk
(von Privat)
CHEF
Standard
Standard
Standard
ARBEITEN I
ARBEITEN II
ARBEITEN III
PRIVAT
Funk
Zentrale
Standard
Funk
Funk
Funk
Funk
DIELE
WOHNEN
KIND
SCHLAFEN

- Kommunikationszentrum in der Diele, neue Faxnachrichten und Anrufe auf dem Anrufbeantworter bei Betreten des Hauses im Blick
- Signalisieren der Anrufe bei allen Telefonen oder frei programmierbar
- zwei externe Gespräche gleichzeitig
- gezielte Gesprächsübergabe
- gezielte interne Gespräche
- Standardfunktionen gehobener Nebenstellenanlagen wie Music on hold, Konferenzschaltung oder Makeln (abhängig von Nebenstellenanlage)
- Türklingeln wird an allen Telefonen durch gesondertes Rufzeichen signalisiert
- Sprechen mit der Türsprechanlage von allen Telefonen
- Türöffnen von allen Telefonen

Arbeiten: Fax am Arbeitsplatz, nicht in der Diele, dann keine Awado nötig, zweite Amtsleitung direkt in Nebenstellenanlage, Faxweiche im Arbeitszimmer anstelle von FNN-Dose

VII. Arbeiten und Wohnen in einem Gebäudekomplex, hoher Kommunikationsbedarf

Anforderungen:
Moderne Kommunikation im privaten und geschäftlichen Bereich, aber deutliche Trennung von beidem. Dennoch sollten Verbindungen vom Büro zu Privaträumen und umgekehrt möglich sein.

3 Amtsleitungen (Privat, Geschäft, Fax)
Einsatzbereiche Arbeiten: Sekretariat, Chefzimmer, 3–4 weitere Arbeitsplätze, Tür
Einsatzbereich Wohnen: Mehrere Räume
Kabelverlegung mit hohem Aufwand
220 Volt Anschlüsse: Sekretariat, Chef, zentrale Stelle in der Wohnung
Türsprechanlage und Türöffner vorinstalliert

Ausstattung Büro:
2 Komforttelefone
1 Funktelefon
3 Standardtelefone
1 Anrufbeantworter
1 Faxgerät
1 Modem
1 FNN-Dose
1 N-Dose
5 F-Dosen
1 Nebenstellenanlage für 2 Amtsleitungen, 6 Nebenstellen, integrierte Faxweiche, Türsprechanlage und Türöffner
zusätzlich: Ein Funktelefon passend zur privaten Funktelefonanlage

Ausstattung Privat:
1 digitale Funktelefonanlage (DECT)
Mehrere passende Funktelefone
2 F-Dosen
zusätzlich: Ein Standardtelefon, das mit der Nebenstellenanlage im Büro verbunden ist

Funktion:
- Drei Rufnummern: Privat, Geschäft und Fax
- Klare Trennung zwischen Privatbereich und Geschäft
- Private Anrufe können ins Büro durchgestellt oder dort angenommen werden
- Geschäftliche Anrufe können auch privat entgegengenommen werden, gezielte Verbindung von Geschäft nach Privat
- Fax im Dauerstandby, Empfang nach erstem Läuten
- Signalisieren der Anrufe bei allen Telefonen (Geschäft oder Privat)
- Büro: zwei externe Gespräche gleichzeitig möglich
- Privat: zwei externe Gespräche gleichzeitig möglich (eines über Büro)
- gezielte Gesprächsübergabe privat/geschäftlich möglich
- gezielte interne Gespräche privat/geschäftlich
- Standardfunktionen gehobener Nebenstellenanlagen wie Musik on Hold, Konferenzschaltung oder Makeln (abhängig von Nebenstellen- und Funktelefonanlage)
- Türklingeln wird an allen Bürotelefonen durch gesondertes Rufzeichen signalisiert
- Sprechen mit der Türsprechanlage von allen Bürotelefonen
- Türöffnen von allen Bürotelefonen

Alternativen:
- Gesonderte Nebenstellenanlage im privaten Bereich
- ISDN-Anschluß

Mobilfunk

Beim Mobilfunk werden Daten über Funkfrequenzen übermittelt. Die Verbindung wird vom Funktelefon zu einer externen Verbindungsstelle aufgebaut. Man unterscheidet drei Bauformen:

Handy: Sehr kompakte Telefone, die kaum 200 Gramm wiegen. In den Hörer sind alle elektronischen Bausteine integriert. Handys erbringen meist drei Watt Sende- und Empfangsleistung.

Porty: Deutlich größere Geräte, Telefonhörer mit Wahltastatur sowie Sende-/Empfangseinheit und Akku getrennt. Portys arbeiten mit acht Watt Leistung. Ihre Marktbedeutung schwindet.

Autotelefon: Diese Mobilfunktelefone sind fest im Auto installiert und können nur dort betrieben werden. Sie sind auf die Bedürfnisse des Telefonierens während der Fahrt ausgerichtet (z. B. besonders gut lesbare Displays). Autotelefone arbeiten mit mindestens acht Watt Leistung.

Grundsätzlich sind beim Mobilfunk die gleichen Anwendungen möglich wie bei Festnetzen – Bildtelefonieren ausgenommen. Es gibt Modems für das Zusammenspiel mit Laptops und Faxgeräten, die für mobile Anwendungen ausgelegt sind. Allerdings muß auch das Mobiltelefon für diese Funktionen ausgelegt sein.

Kleine, leichte Handys sind die beliebtesten Mobilfunktelefone im D-Netz

Die schweren Portys erlauben auch Telefonate im analogen C-Netz außerhalb des Autos

Die Netze

Vier Mobilfunknetze konkurrieren: das analoge C-Netz und die digitalen Netze D1, D2 und E (siehe Tabelle Seite 65). Die Telefone müssen auf die unterschiedlichen Netze abgestimmt sein. Die Geräte für das C-Netz, für D1 oder D2 und für das E-Netz können unabhängig von einer Anmeldung an ein Netz gekauft werden. Man schließt einen Vertrag mit einem der Netzbetreiber oder – bei den privaten Netzen – Service-Providern ab, also Subunternehmen. Vor dem Kauf empfiehlt es sich, die unterschiedlichen Kartenangebote und vor allem die Art der Gebührenberechnung sorgfältig zu studieren.

Bei Vertragsabschluß erhält der Kunde die Karte mit integriertem Microchip, die er in die Leseeinrichtung seines Telefons steckt. Diese Karte ist mit der Rufnummer belegt, über man bei eingeschaltetem Telefon erreichbar ist. Auf dem Microchip kann man andere Telefonnummern speichern. Außerdem enthält er Daten, die bei jedem Telefonat mitübertragen und mit denen die Gebühren errechnet werden. Die Karte kann zwischen den Telefonen eines Netzes gewechselt werden (z. B. zwischen Handy und Autotelefon). Man unterscheidet zwei Karten: Die Standard-Karte in der Größe einer Scheckkarte und die Plug-in-Karte, die ganze 1,5 x 2,5 cm groß ist und nur aus einem Telefonchip besteht. Es gibt Adapterkarten, mit denen eine Plug-in-Karte in eine Standard-Karte umgewandelt werden kann.

Bei der Ausstattung von Mobilfunktelefonen kommt es auf möglichst einfache Programmierfunktionen, einen großen Rufnummernspeicher und vielfältige Betriebsmöglichkeiten (Fax und Modem) an. Einige Handys können kurze Textnachrichten verschicken, die das Display des an-

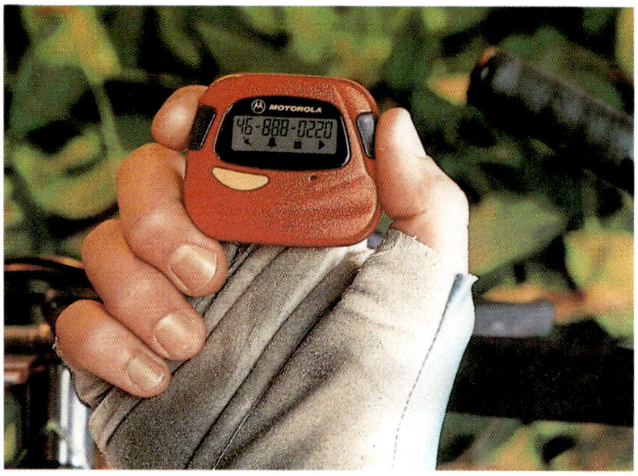

Pager überzeugen durch ihre sehr kompakten Abmessungen und durch ihre geringen Betriebskosten

Im Zusammenspiel mit speziellen Modems und Laptops erlauben Handys mobile Datenübertragung

In eine Schnelladestation wird das Handy nur eingesteckt – umständliche Kabelanschlüsse entfallen

gerufenen Geräts anzeigt (SMS-Funktion). Achten sollte man auf gut angeordnete und leicht bedienbare Tasten, Akkukapazität, Abmessungen und Gewicht. Einige Handys haben bessere Sende- und Empfangseigenschaften, andere überzeugen durch sehr gute Sprachqualität.

Mobiles Telefonieren ist mit sehr hohen Kosten verbunden. Allein die monatlichen Grundgebühren betragen das Doppelte bis Dreifache eines normalen Telefonanschlusses. Etwa alle sechs bis acht Sekunden ist eine neue Einheit fällig.

Der Preisverfall bei den Handys hat den Mobilfunk für viele attraktiv gemacht. Aber Vorsicht: Billig-Handys arbeiten oft mit veralteter Technik, sind schwer und unhandlich. Bei der Anschaffung sollte man zudem Zubehör einkalkulieren. Eine Schnelladestation empfiehlt sich, die über einen zweiten Akku verfügt und in die das Handy zum Aufladen nur eingesteckt wird. Das Angebot reicht außerdem von Akkus mit höherer Leistung über Anschlußmöglichkeiten im Auto bis hin zu Laptops für mobile Datenfernübertragung. Auch weltweit funktionierende Satellitentelefone sind bereits erhältlich; für den Betrieb muß man allerdings noch einen ganzen Koffer voller Technik mit sich herumschleppen.

Cityruf, Euroruf und Scall

Personenrufsysteme nehmen eine Sonderstellung ein. Mit ihnen kann man nur Nachrichten übermitteln. Das Endgerät wird als Pager (umgangssprachlich Piepser) bezeichnet. Er kann über eine eigene Rufnummer gezielt angewählt werden. Man unterscheidet folgende Pager:

Nur-Ton-Pager: Er kann über vier verschiedene Rufnummern angewählt werden, jede löst einen Ruf (Piepser) aus. Welche der vier Rufnummern gewählt worden ist, wird angezeigt. So weiß der Angerufene, daß er eine bestimmte Rufnummer anwählen soll. Die Funktion von Nur-Ton-Pagern ist somit sehr beschränkt.

Numerik-Pager: Der Eingang einer Nachricht, die aus 16 Ziffern bestehen kann wird akustisch signalisiert und in einem Display angezeigt. So kann dem Pager-Nutzer eine Rufnummer, unter der er zurückrufen soll, oder ein abgesprochener

Code mitgeteilt werden. Die Nachricht wird über das eigene Telefon, einen Auftragsdienst oder über BTX an den Nutzer weitergeleitet.

Text-Pager: Der Pager verfügt über ein kleines Display, auf dem kurze Nachrichten über BTX oder einen Auftragsdienst übermittelt werden können.
Die Nachrichtenübermittlung kann über verschiedene Dienste erfolgen:

Cityruf: Der Personenruf ist auf eine größere Region beziehungsweise ein Ballungszentrum oder eine Großstadt ausgelegt. Cityruf kann zu unterschiedlichen Tarifen für Nur-Ton-, Numerik- und Textnachrichten betrieben werden.

Eurosignal: Europaweit können Nur-Ton-Pager angewählt werden. Text- und Numeriknachrichten sind möglich.

Scall: Auf lokaler Ebene (Umkreis von circa 25 Kilometern vom Aufenthaltsort) können Nur-Ton- oder Numerik-Nachrichten versendet werden. Für Scall werden keine monatlichen Grundgebühren erhoben. Stattdessen zahlt der Anrufer eine erhöhte Gebühr für jede Nachrichtenübermittlung.

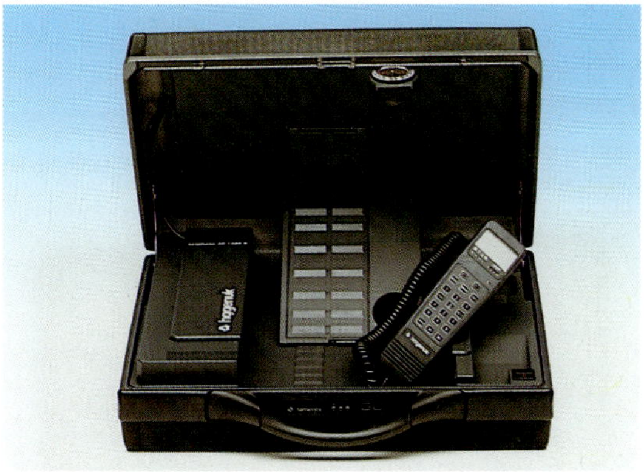

Noch nimmt die Technik eines Satellitentelefons einen ganzen Koffer in Anspruch

Mobilfunknetze im Vergleich

	Cityruf	**C-Netz**	**D1**	**D2**	**E-Netz**
Betreiber	Telekom-Tochter	Telekom	Telekom	Mannesmann	Thyssen, Veba u. a.
Übertragung	analog	analog	digital	digital	digital
Gerätegrundtyp	Pager	Autotelefon	Autotelefon Mobiltelefon	Autotelefon Mobiltelefon	Handy
Betriebsarten	Datenübermittlung	Telefonieren	Telefonieren Faxen Datenübertragung	Telefonieren Faxen Datenübertragung	Telefonieren Faxen Datenübertragung
Einsatzgebiet	lokal bis europaweit	bundesweit	nahezu weltweit	nahezu weltweit	bundesweit
Flächendeckung	bundesweit	bundesweit	nahezu bundesweit	nahezu bundesweit	regional weit
Sprachqualität	—	befriedigend	gut bis sehr gut	gut bis sehr gut	gut bis sehr gut
Anschaffungspreis für Grundgeräte	gering	sehr hoch	preisgünstig bis hoch	preisgünstig bis hoch	hoch
Gebühren	gering	hoch	sehr hoch	sehr hoch	hoch
Überwiegender Einsatz	privat	geschäftlich	privat geschäftlich	privat geschäftlich	privat

Mobilfunk im Auto

Telefonieren im Auto ist eine der wichtigsten Anwendungen von Mobilfunk. Genau das aber ist in Deutschland und vielen anderen europäischen Ländern nicht erlaubt. Der Griff zum Hörer während der Fahrt wird nicht strafrechtlich verfolgt – aber wenn es kracht und sich herausstellt, daß telefoniert wurde, ist wenigstens eine Teilschuld wahrscheinlich. Wer eine Ordnungswidrigkeit vermeiden will, hält an und telefoniert aus dem stehenden Fahrzeug heraus. Zur Zeit ist man noch um eine europaweite Regelung bemüht, Ein Kompromiß scheint sich dabei abzuzeichnen: Telefonieren im Auto ist über eine Freisprecheinrichtung, bei der beide Hände am Steuer bleiben können, erlaubt. Der Griff zum Telefonhörer oder Handy hingegen wird einheitlich untersagt.

Während das festeingebaute Autotelefon über Jahre das Flaggschiff des mobilen Telefonierens war, nimmt seine Bedeutung heute ab. Handys, die mit wenigen Handgriffen in ein vollwertiges Autotelefon verwandelt werden können, machen das Rennen. Hier die wichtigsten Begriffe:

Autotelefon: Dieses Einbaupaket zur festen Installation eines Telefons im Auto besteht aus Telefonhörer mit Halterung, Blackbox mit Booster, Freisprecheinrichtung und Verbindungskabel. Die Kartenleseeinrichtung befindet sich je nach Modell entweder am Hörer oder an der Blackbox. Antenne und Befestigungen für Telefonhalter sind nicht im Lieferumfang enthalten.

Carkit: Einfache Carkits für den Einbau eines Handys in ein Auto umfassen lediglich einen Telefonhalter und einen Stromanschlußstecker für den Zigarettenanzünder. Standard sind hingegen Telefonhalter sowie Blackbox für Stromversorgung und Antennenanschluß. Freisprecheinrichtungen können, müssen aber nicht zum Lieferumfang gehören. Besonders gut ausgestattete Carkits beinhalten einen Booster zur Verstärkung des Sende- und Empfangssignals. Antenne und Einbauhalterungen für Telefonhalter sind nicht im Lieferumfang enthalten. Auch Carkits für Portys sind erhältlich. Der Apparat wird im Kofferraum an das Carkit angedockt. In Fahrernähe befindet sich dann ein zusätzlicher Telefonhörer mit Tasten, der einem Autotelefon gleicht.

Telefonhalter: In diese Halterung, auch Gerätehalter oder Hörerauflage genannt, kann man den

Mobiltelefon total: Carkits machen komfortables Telefonieren im Auto auch mit dem Handy möglich

Über eine Freisprecheinrichtung kann man im Auto telefonieren, ohne daß die Hand vom Lenker genommen werden muß

Ein komplettes Carkit besteht (von links) aus Halterung, Telefonhalter, Handy, Stromnetzverbindung und Antenne

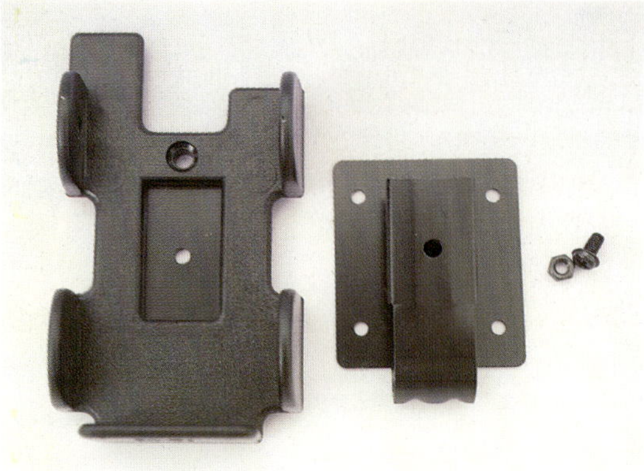

Eine einfache Halterung sorgt dafür, daß das Handy im Auto sicher befestigt ist und bei Unfällen keine Verletzungsgefahr besteht

Eine Blackbox findet vorzugsweise im Frontbereich, unter dem Sitz oder im Kofferraum Platz

Autotelefonhörer oder das Handy einstecken. Der Telefonhalter wird in Griffnähe des Fahrersitzes montiert. Befestigungsmaterial dafür gehört oft nicht zum Lieferumfang – Schwanenhals, Konsole oder andere Befestigungen muß man separat kaufen. Telefonhalter gibt es in zwei Ausführungen: für spezielle Telefone und als Universalausführung für Handys. Während die Universalausführungen reine Halter sind, besitzen die speziellen Telefonhalter Anschlußmöglichkeiten. In der Standardversion wird durch das Einstecken des Handys nur eine Verbindung zur Bordelektrik des Autos geschaffen. In der Komfortausstattung erfolgt durch das Einstekken gleichzeitig eine Verbindung zu Antenne und Blackbox mit Freisprechmöglichkeit.

Blackbox: Die zentrale Steuereinheit des Autotelefons oder des Fahrzeugeinbausatzes für ein Handy wird auch Elektronikbox genannt. Hier laufen die Kabel der Stromversorgung, des Lautsprechers und des Mikrophons der Freisprecheinrichtung sowie das Verbindungskabel zum Telefonhalter zusammen. Auch die Radiostummschaltung wird hier angeschlossen. Die Blackbox wird in der Regel im Kofferraum angebracht; man kann sie aber auch in der Mittelkonsole oder unter dem Beifahrersitz montieren. Bei einigen Modellen wird auch das Antennenkabel an die Blackbox angeschlossen.

Konsole, Car-Clip, Schwanenhals: Hierbei handelt es sich um Befestigungsarten für Telefonhalter. Die klassische Form bei Autotelefonen ist die separate Konsole. Sie wird in zahlreichen Ausführungen und Materialien geliefert. Car-Clip und Schwanenhals hingegen sind für die Montage von Handy-Telefonhaltern gedacht. Der Car-Clip wird ohne Bohrungen an den Lüftungsauslässen der Mittelkonsole angebracht. Er ist für verschiedenste Fahrzeuge und Telefone lieferbar. Der einfachen Montage steht eine eingeschränkte Lüftung/Heizung im Fahrzeug entgegen. Schwanenhälse gibt es in Ausführungen für spezielle Telefone bestimmter Hersteller oder als universelle Ausführung. Beim Kauf sollte man besonders auf Stabilität achten, denn Vibrationen beim Fahren und Tastendruck bei der Bedienung beanspruchen das Material.

Booster: Bei Autotelefonen ist der Verstärker der Sende- und Empfangssignale meist in die Blackbox integriert. Für den reibungslosen Betrieb eines Mobilfunktelefons im Auto sind acht Watt Sende- und Empfangsleistung wichtig. Um die Strahlenbelastung gering zu halten, arbeiten Handys nur mit drei Watt Leistung. Booster heben die Leistung von drei auf acht Watt an.

Freisprecheinrichtung: Über Mikrophon und Lautsprecher kann man ein Telefonat auch ohne Hörer führen. Freisprecheinrichtungen sind in vielen Ländern schon gesetzlich vorgeschrieben. Denn nur so kann gewährleistet werden, daß die Hände beim Telefonieren frei bleiben.

Strahler: Dies ist der Fachbegriff für die eigentliche Antenne. Neuere Strahler können beim

Festeinbau unabhängig von der Befestigungsart gewählt werden. Zur Befestigung am Fahrzeug wird der Strahler in einen Antennenfuß geschraubt. Die Verbindung ist mittlerweile genormt. Strahler können die Sende- und Empfangsleistung des Telefons verbessern.

Antennenfüße: Hier handelt es sich um Befestigungselemente für Strahler. Antennenfüße sind in verschiedensten Ausführungen erhältlich, so zum Beispiel für den seitlichen Festeinbau oder als Magnetfußversion. Für viele Fahrzeugtypen sind spezielle Antennenfüße erhältlich.

Antennenkabel: Die Standardverbindung stellt das Kabel RG 58 mit beidseitigem Nippelanschluß dar. Es kann aber auch das Kabel RG 174 verwendet werden. Beide Kabeltypen sind im Fachhandel erhältlich.

Radiostummschaltung: Bei ankommenden Gesprächen oder bei der Anwahl wird das Radio stummgeschaltet. Bei komfortabel ausgestatteten Autoradios jüngerer Generation befindet sich eine entsprechende Anschlußklemme am Gerät. Falls dort keine Anschlußmöglichkeit besteht, kann eine entsprechende Radiostummschaltung nachträglich installiert werden. Zwei Varianten stehen zur Auswahl: Bei Gesprächsbeginn werdem entweder die Stromzufuhr zum Autoradio unterbrochen oder aber die Lautsprecher von Radio- auf Telefonwiedergabe umgestellt. In diesem Fall muß kein zusätzlicher Lautsprecher für die Freisprecheinrichtung installiert werden.

Stromversorgung über Zigarettenanzünder: Dies ist die einfachste und preiswerteste Form, ein Handy über längere Zeit im Auto betriebsbereit zu halten. Der Akku wird über ein entsprechendes Kabel mit dem Zigarettenanzünder verbunden. Beim Kauf ist darauf zu achten, daß der Stecker zum Zigarettenanzünder des Fahrzeugs paßt – es gibt drei Varianten. Eine solche Verbindung kann auch dazu genutzt werden, einen zusätzlichen Reserveakku zu laden.

Weiteres Zubehör: Der Zubehörmarkt rund ums Telefonieren im Auto wächst ständig. So sind zum Beispiel gesonderte Lade- und Entladegeräte für Akkus, optische Rufanzeigen oder spezielle Meßgeräte erhältlich. Zum Betrieb von Mobilfunk-Faxgeräten und -Laptops im Auto bietet der Handel spezielles Zubehör an.

Ein Booster verstärkt die Sende- und Empfangseigenschaften eines Handys – er hebt die Leistung auf acht Watt an

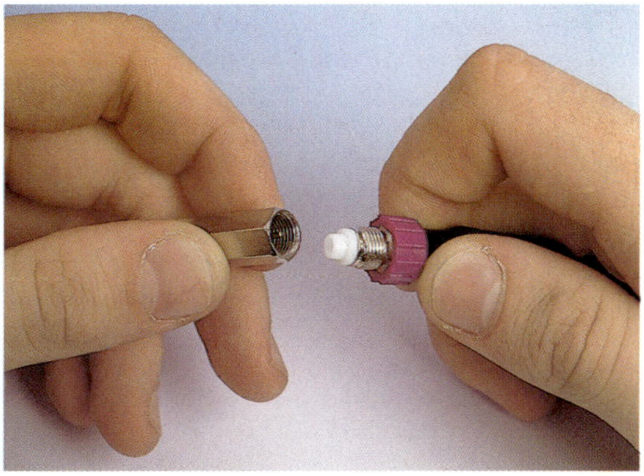

Die Antennenkabel werden über Nippelstecker miteinander verbunden

Die Verbindung zum Stromnetz über den Zigarettenanzünder ermöglicht es, den Akku eines Handys im Auto aufzuladen

Antennen

Antennen werden unabhängig vom Telefon in verschiedensten Ausführungen angeboten. Grundsätzlich unterscheidet man:
- Antennen zum Festeinbau zum Beispiel am Heck oder auf dem Dach
- Mobile Antennen mit Magnetfuß oder Klemmmechanismus zum Anstecken an bewegliche Scheiben.

Mobile Antennen sind nur für Betrieb von Handys und Portys im Auto gedacht und vor allem dann sinnvoll, wenn das Fahrzeug häufig gewechselt wird. Antennen zum Festeinbau hingegen werden im Zusammenspiel mit Autotelefonen oder Carkits betrieben.

Antennen helfen, den Faradayschen Käfig, den die Fahrzeugkabine bildet, zu überbrücken und die elektromagnetische Strahlung nach außen zu leiten. Sie können die Sende- und Empfangseigenschaften des Telefons um mehrere Dezibel verbessern. Entscheidend sind hier der Aufbau der Antenne und die Länge des Strahlers. Dabei lassen sich folgende Werte für Antennen zum Festeinbau angeben:

bis 15 cm Länge:
Stummelantennen ohne dB-Gewinn

bis 35 cm Länge:
Normalantennen mit 3 dB Gewinn

ab 35 cm Länge:
lange Antennen mit 5 bis 6 dB Gewinn

Nicht alle Antennen sind zum Einbau in alle Fahrzeuge geeignet. Für die Seitenmontage am Heck bieten die Hersteller spezielle Füße für die jeweiligen Fahrzeugmodelle an. Während hier zur Montage gebohrt werden muß, ist dies bei Glasklebeantennen nicht erforderlich.

Die Zeiten, zu denen man je eine Antenne für den Radio- und den Telefonbetrieb benötigte, sind vorbei. Antennenweichen machen den gemeinschaftlichen Betrieb an einer Telefonantenne möglich. Autotelefone kann man hingegen nicht mit einer Radioantenne betreiben. Die Weichen werden in aktiver und passiver Version angeboten, also mit und ohne separater Stromversorgung.

Lange, empfangsstarke Antennen werden vorzugsweise an der Seite eines Fahrzeugs montiert

Kleine Magnetfußantennen steigern die Mobilität – sie können zusammen mit dem Handy in verschiedenen Autos betrieben werden

Antennen, die an bewegliche Seitenfenster geklemmt werden, sind die Alternative zu Magnetfußantennen

Die Anschlüsse an den Antennen und den Telefonen, Carkits und Boostern sind nicht einheitlich. Lediglich die vorkonfektionierten Antennenkabel RG 58 und RG 174 sind beidseitig mit Nippel versehen. In der Regel müssen beim Erwerb eines Autotelefons, Carkits oder Boosters passende Nippelstecker hinzugekauft werden. Gängig sind folgende Nippelstecker:

- BNC
- BNC-Winkel
- TNC
- TNC-Winkel
- MINI-UHF
- N
- Nippelverbinder

Neben den Standardantennen sind noch eine Reihe von Sonderformen erhältlich. So gibt es zum Beispiel Klemmantennen für bewegliche Fenster, die keine Antennenkabelverbindung zum Handy benötigen und völlig kabellos betrieben werden. Sie leiten die Funkstrahlen lediglich von innen nach außen weiter. Für mobile Antennen ist darüber hinaus auch ein Kabel erhältlich, das an die Antenne des Handys angesteckt wird. Für den Betrieb in Hochgeschwindigkeitsfahrzeugen gibt es außerdem besonders kurze Antennen (Stummelantennen) ohne dB-Gewinn.

Autotelefone, Handys und auch mobile Antennen stehen bei Dieben hoch im Kurs. Viele Autotelefonbesitzer ziehen es deshalb vor, nicht durch entsprechend auffällige Antennen auf sich aufmerksam zu machen. Für einige Fahrzeugmodelle sind sogar sogenannte Tarnantennen erhältlich, die den Standardradioantennen der Fahrzeughersteller zum Verwechseln ähnlich sehen. Auf Nummer sicher geht man auch mit einer elektrischen Antenne für den kombinierten Telefon- und Radiobetrieb. Dabei gibt es Modelle, die bei einem Telefonat automatisch ausfahren.

Antennentypen im Vergleich

	Top-Montage	**Seitenmontage**	**Glas-Montage**	**Magnetfuß**	**Fenster-Klemm**
Montageort	Dach	Kotflügel	nicht bewegliche Fenster	Dach Heckklappe	bewegliche Fenster
fest/flexibel	fest	fest	fest	flexibel	flexibel
dB-Gewinn	0–6 dB	3–6 dB	0–6 dB	0–3 dB	2–3 dB
kabellose Verbindung	–	–	–	–	bei einigen Modellen
Bohrung notwendig	ja	ja	nein	nein	nein
versteckte Kabelführung*	ja	ja	ja	nein	(nein)**
Betrieb als Radioantenne	ja	ja	ja	nein	nein

* in Verbindung mit Weiche
** bei nicht kabelloser Ausführung

Kommunikation im Auto planen

I. Vielfahrer mit hohem Kommunikationsbedarf

Bei langen Fahrzeiten und überwiegend geschäftlicher Nutzung eines Fahrzeugs empfiehlt sich der Einbau eines Autotelefons, da es bestmögliche Sende- und Empfangseigenschaften mit größtmöglichem Komfort beim Telefonieren verbindet. Die ideale Wahl ist ein Modell, bei dem die Karte in den Telefonhörer oder in dessen Nähe eingesteckt wird. Dann kann man sie leicht entnehmen und zum Beispiel auch vorübergehend in einem Handy nutzen.

Als Halterung für den Telefonhörer sollte kein Car-Clip sondern eine Konsole oder ein Schwanenhals verwendet werden. Bei Wahl der Antenne ist ein langes Modell zum Festeinbau mit größtmöglichem dB-Gewinn zu bevorzugen. Eine Motorantenne ist ebenfalls eine gute Wahl.

II. Regelmäßige Fahrzeugnutzung bei mittlerem Kommunikationsbedarf

Hier ist ein Handy zusammen mit einem komfortabel ausgestatteten Carkit die richtige Wahl. Freisprechen und Signalverstärkung auf 8 Watt Leistung sind Voraussetzung für einen optimalen Betrieb des Handys im Auto. Als Halterung empfiehlt sich ein Schwanenhals. Bei der Antenne greift man zu einem Strahler mittlerer Länge, der rund 3 dB Gewinn bringt.

III. Betrieb in mehreren Fahrzeugen

Hier kommen die Vorteile des Handys voll zur Geltung. Im Hauptfahrzeug wird es zusammen mit einem komfortablen Carkit, Schwanenhals und Antenne zum Festeinbau mit dB-Gewinn betrieben. Im Zweitwagen hingegen, der nur selten genutzt wird, reichen eine Car-Clip-Halterung, eine Stromversorgung über Zigarettenanzünder und eine mobile Antenne.

Telefonieren im Auto

	Autotelefon	**Handy solo**	**Handy mit Standard-Carkit**	**Handy mit Komfort-Carkit**
Betrieb außerhalb des Fahrzeugs	nein	ja	ja	ja
Freisprechen	ja	nein	nein	ja
8 Watt Leistung	ja	nein	optional (Booster)	optional (Booster)
Komfort beim Telefonieren im Auto	++	—	0	+
Empfangs-/Sendeeigenschaften	++	—	+	+
Preis/Leistung	+	0	0	+
Diebstahlsicherheit	++	—	—	++

Autotelefon oder Carkit einbauen

Eigentlich empfehlen Hersteller und Handel den Einbau durch Fachleute, doch fällt dieser auch engagierten Do-it-Yourselfern leicht – z. B. wenn sie im Einbau von Autoradios erfahren sind. Gerade bei der Verkabelung gibt es Ähnlichkeiten. Folgende Kriterien sind besonders wichtig:

- Sicherheitsrelevante Aspekte bedenken
- fachgerechte Verkabelung, insbesondere exakte Verlegung der Antennenkabel

Der Schaltplan

Ausgangspunkt ist bei Autotelefon wie Carkit der Telefonhalter. Von hier führt ein vorgefertigter Kabelstrang zur Blackbox. Beim Autotelefon ist das Antennenkabel normalerweise darin enthalten, bei Carkits wird es getrennt geführt, um den Einbau eines Boosters zwischen Halter und Antenne zu ermöglichen. Beim Autotelefon wird die Antenne an die Blackbox angeschlossen, die manchmal direkt mit dem Telefonhalter verbunden ist. Die Blackbox weist mehrere eindeutig gekennzeichnete Anschlußmöglichkeiten auf:

- Kombianschluß für Kabelstrang vom Telefonhalter
- Dauerstrom, zwei Klemmen: »12 V+« und »-«
- Zündstrom, eine Klemme »Ign« (englisch für »Ignition«)
- Freisprecheinrichtung, vier Klemmen:
  - zwei Klemmen »Mic« für Mikrophon
  - zwei Klemmen »LS« für Lautsprecher
- Radiostummschaltung, eine Klemme »RM« (engl. für »Radio mute«)

Entsprechend sehen die Zuleitungen aus. Den Dauerstrom nimmt man am besten direkt von der Batterie ab, den Zündstrom von der Zuleitung zum Autoradio. Das ist dann praktisch, wenn eine Verbindung für die Radiostummschaltung zwischen Blackbox und Autoradio hergestellt werden soll. Die Kabel für Lautsprecher und Mikrophon werden gesondert verlegt.

Läßt sich das Radio nicht durch ein Telefon stummschalten (Aufschluß in der Installationsanleitung des Autoradios), wird eine separate Schaltung beim Radio installiert. Sie unterbricht die Zündstromzufuhr zum Radio und hat vier Anschlüsse:

- Zündstrom Eingang
- Masse Eingang
- Zündstrom Ausgang zum Autoradio
- Eingang Radiostummschaltung von der Blackbox kommend

Schaltet die separate Radiostummschaltung die Lautsprecher zwischen Radio- und Telefonbetrieb um, so wird nicht der Zündstrom, sondern der Kabelweg zu den Boxen unterbrochen. Neben dem Kabel zur Radiostummschaltung werden zudem die Lautsprecherkabel der Freisprecheinrichtung von der Blackbox an die separate Radiostummschaltung angelegt. Diese hat dann folgende Ein- und Ausgänge:

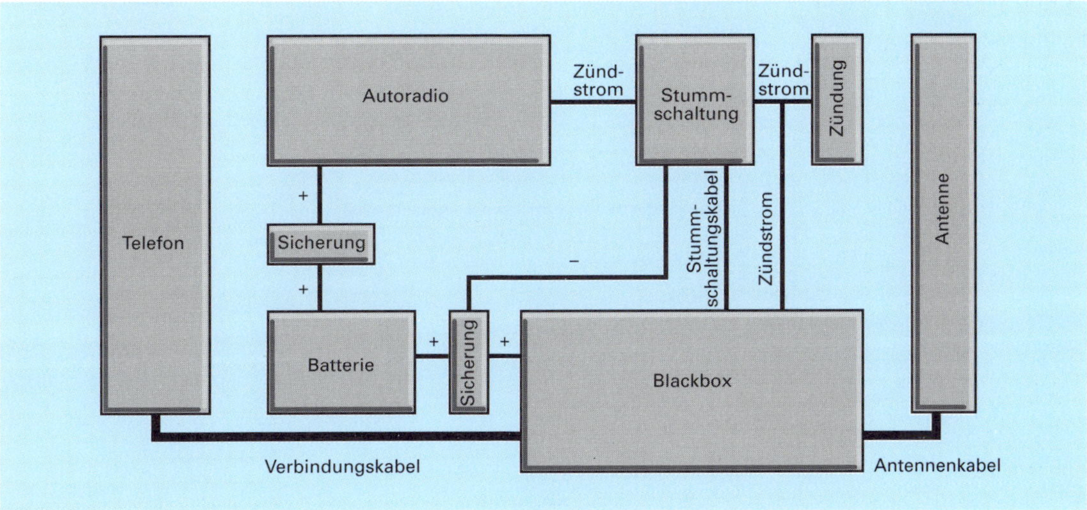

- 4 x Eingang »Lautsprecher« vom Autoradio kommend
- 4 x Ausgang »Lautsprecher« zu den Boxen gehend
- 2 x Eingang »Lautsprecher Freisprecheinrichtung« von der Blackbox kommend
- Radiostummschaltung von der Blackbox kommend
- Zündstrom Eingang
- Masse Eingang

Beinhaltet der Carkit einen Booster, wird dieser zwischen Autotelefon und Antenne zwischengeschaltet, meist mit separater Stromzufuhr (12 Volt und Masse). Wird die Antenne für Telefon und Radio gleichzeitig genutzt, wird eine Weiche zwischengeschaltet. Sie weist einen Eingang (von der Antenne) und zwei Ausgänge (zu Telefon und Radio) auf. Aktive Weichen müssen zusätzlich mit Strom (12 Volt und Masse) versorgt werden.

Die richtigen Einbaupositionen

Sicherheit hat Vorrang, besonders bei der Wahl der Einbaupositionen der einzelnen Elemente eines Telefons. Auf keinen Fall dürfen sie dort montiert sein, wo Fahrer oder Beifahrer sich bei einem Unfall verletzen könnten. Dies gilt für den Telefonhalter und auch für die Blackbox. Sie sollte man z. B. nicht auf Kniehöhe im unteren Bereich des Armaturenbretts montieren.

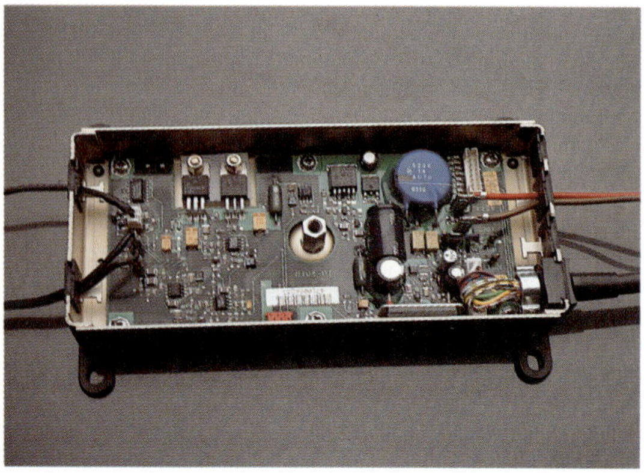

Eine Blackbox weist Anschlußmöglichkeiten für Strom, Radiostummschaltung, Freisprechen und Telefonhalter auf

Der Telefonhalter muß sich in Griffnähe des Fahrers befinden. Er wird so eingebaut, daß der Fahrer das Display einsehen und die Bedienungselemente gut erreichen kann. Es bietet sich eine Montage auf oder über der Mittelkonsole beziehungsweise rechts von ihr an. Konsolen und Schwanenhälse werden an der Mittelkonsole montiert, und zwar auf der dem Beifahrer zuwandten Seite. Der Schwanenhals darf keinesfalls so angebracht werden, daß sich der Telefonhalter hinter dem Lenkrad befindet. Das wäre lebensgefährlich, da für die Bedienung des Telefons zwischen den Lenkradspeichen hindurchgegriffen werden müßte.

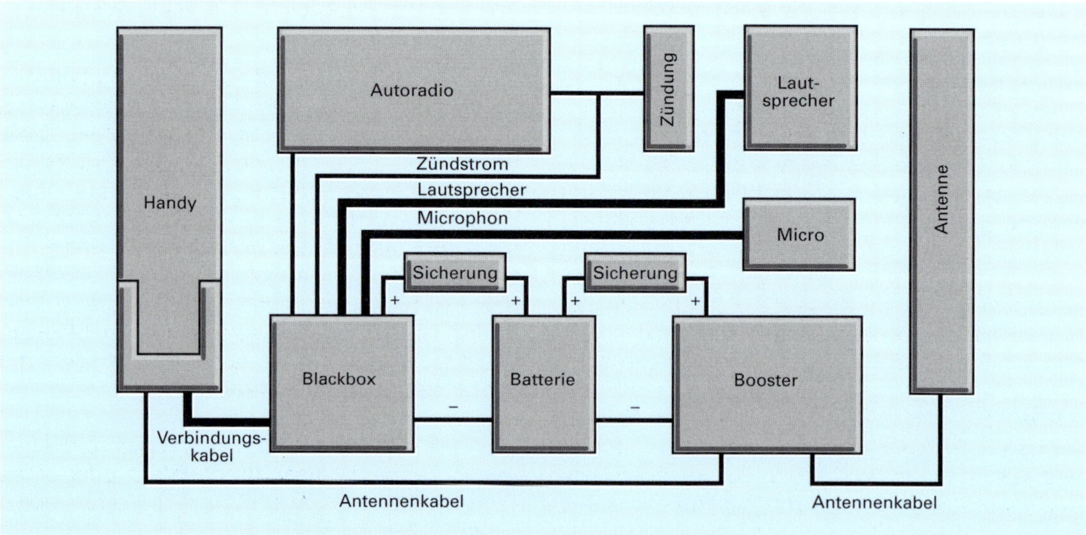

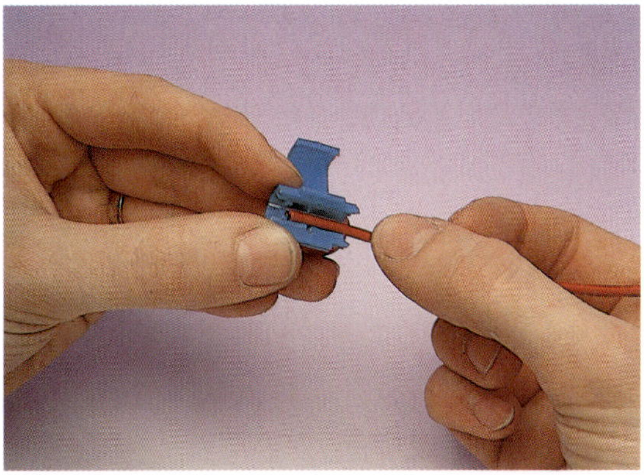

In einen Abzweigverbinder legt man zunächst das neue Kabel in die hintere Vertiefung ein - es muß nicht entisoliert sein

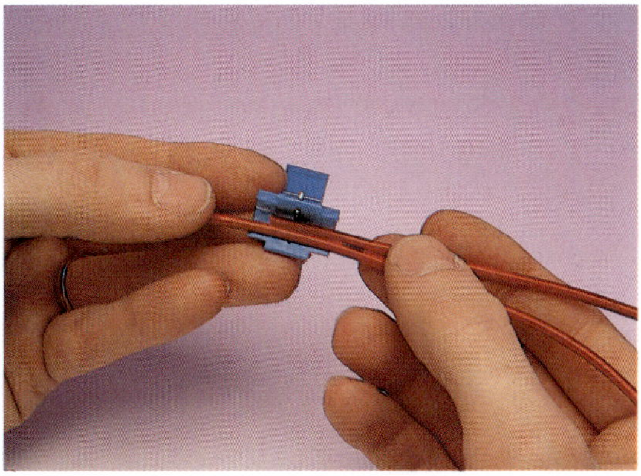

In die vordere Vertiefung wird nun das Kabel, von dem die Verbindung abgezweigt werden soll, eingelegt

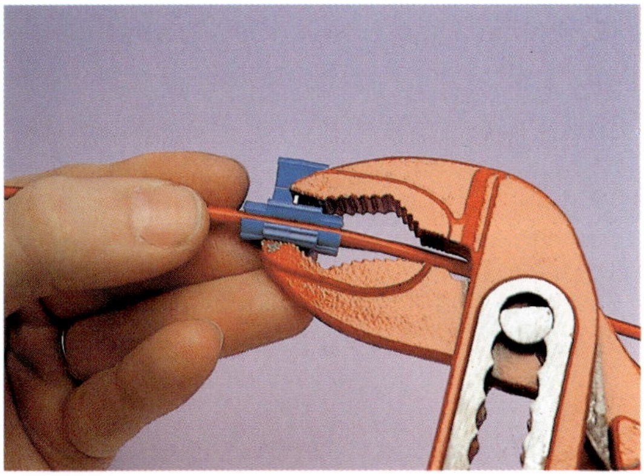

Mit einer Zange wird nun der metallische Steg über die Kabel gedrückt. So stellt man die Verbindung her

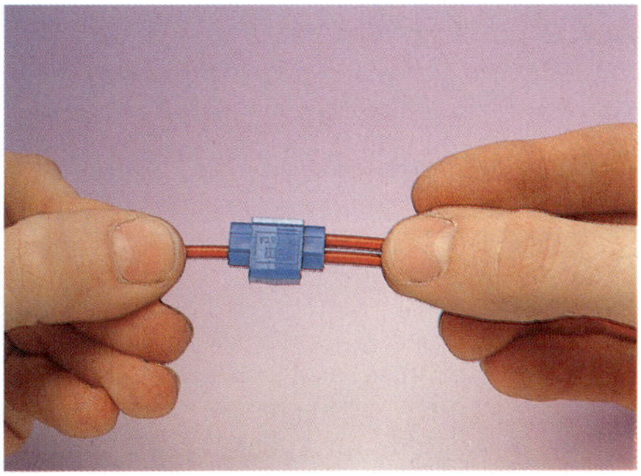

Zum Schluß wird der Abzweigverbinder fest zusammengedrückt und dann verschlossen

Je nach Größe und Ausstattung bringt man die Blackbox in der Nähe der Mittelkonsole, unterhalb des Beifahrersitzes oder im Kofferraum unter. Dabei gilt: Wenn die Blackbox eines Autotelefons eine Sende- und Empfangseinheit mit entsprechendem Verstärker beinhaltet, sollte sie aufgrund der elektromagnetischen Strahlung nach Möglichkeit im Kofferraum montiert werden. Das gleiche gilt für Booster bei Carkits. Jedes einzelne Element sollte nach Möglichkeit fest am Fahrzeug verankert werden. Lose Teile werden bei starken Bremsungen oder bei Unfällen leicht zu gefährlichen Flugobjekten. Schwanenhals oder Konsole, Blackbox und Booster sind fest mit der Karosserie zu verschrauben. Dazu müssen Löcher gebohrt werden – und dies muß man beim Festlegen der Einbaupositionen berücksichtigen. Oft befindet sich empfindliche Technik hinter vermeintlich für die Montage gut geeigneten Blechen oder Verkleidungen. Viele Fahrzeughersteller bringen z. B. den Bordcomputer im Fußraumbereich des Beifahrers unter. Wer hier Haltebohrungen für die Blackbox vorsieht, legt trotz vorhandener Schutzbleche leicht die gesamte Fahrzeugelektrik lahm. Unterhalb des Kofferraums befindet sich der Tank; und seitlich oft die Steuerelektronik des Antiblockiersystems. Deshalb kann eine falsche Bohrung auch hier fatale Folgen haben.

Wer sich nicht sicher ist, wo und wie er die einzelnen Elemente eines Autotelefons oder eines Carkits anbringen soll, fragt am besten einen Fachhändler um Rat.

Der Stromanschluß

Vorsicht bei der Anbindung des Autotelefons an das Stromnetz! Unsachgemäße Anbindung kann nicht nur die Elektronik des Autotelefons oder das empfindliche Bordnetz beeinträchtigen, sondern auch zu Kabelbränden führen.

Den Anschluß erleichtern die nach DIN 72551 genormten Kabelfarben. Für das Autotelefon sind dabei drei Kabelfarben interessant:

Rot	Plusstrom
Braun	Masse
Schwarz	Zündstrom

Schwarz kann allerdings auch Dauerstrom führen und Zündstrom rot/weiß gekennzeichnet sein. Deshalb sollte man generell vor dem Anschluß eines Stromleiters an den Verbraucher über einen Stromprüfer die Stromführung prüfen. Dabei wird die Masse an die Karosserie angelegt.

Das Autotelefon ist mit einer eigenen Dauerstromverbindung an das Stromnetz anzulegen und mit einer eigenen Sicherung abzuschirmen. Nur so lassen sich Überlastungen anderer stromführender Kabel ausschließen und bei Funktionsstörungen die Fehler eindeutig bestimmen.

Am besten nimmt man Dauerstrom direkt von der Batterie ab. Dazu muß man das Kabel von der Fahrzeugkabine in den Motorraum führen. Hierfür gibt es werksseitige Vorbohrungen, die in der Regel mit einer Gumminoppe verschlossen sind. Am einfachsten ist es, zunächst die entsprechenden Gumminoppen vom Motorraum aus ausfindig zu machen und von dort das Kabel in das Fahrzeuginnere durchzuschieben.

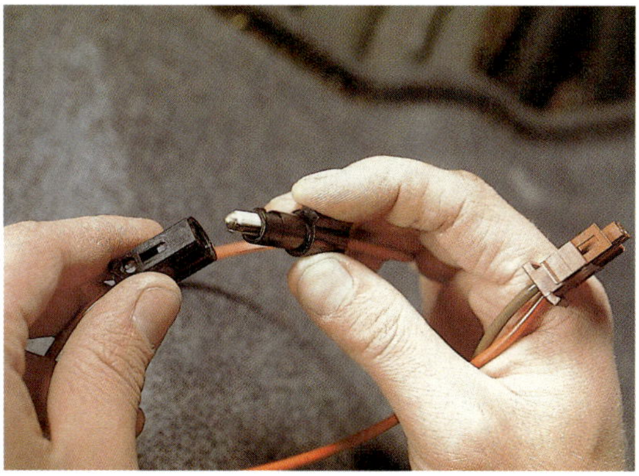

Die Plusstromzuleitung zum Autotelefon sollte man mit einer eigenen Sicherung abschirmen

Den Anschluß an die Batterie stellt man mit einem entsprechenden Stromabnehmer her

Für die Führung der Kabel vom Motorraum in die Fahrgastkabine nutzt man Gumminippel

Für die Radiostummschaltung muß das Radio mit Hilfe spezieller Bügel ausgebaut werden

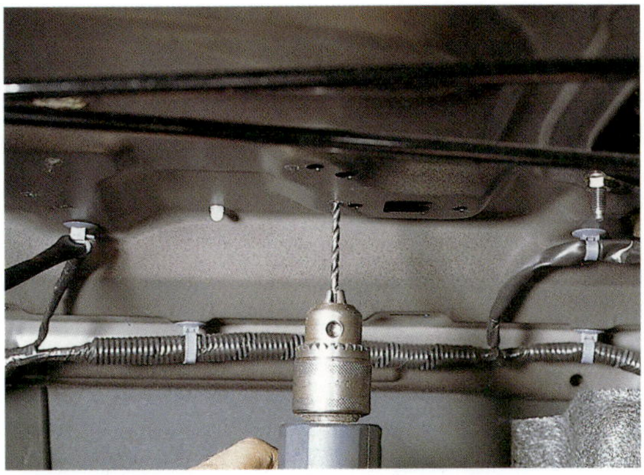

Für die Halterung eines Boosters oder einer Blackbox sind Bohrungen erforderlich

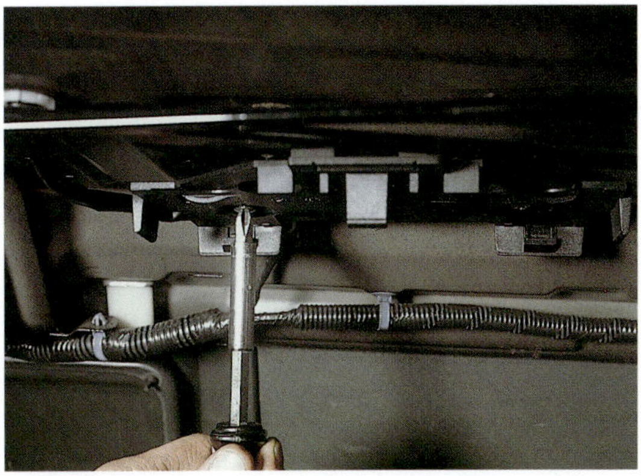

Die Halterung schraubt man am besten mit speziellen Karosserieschrauben fest

Der Booster oder die Blackbox wird dann in die Halterung eingesetzt

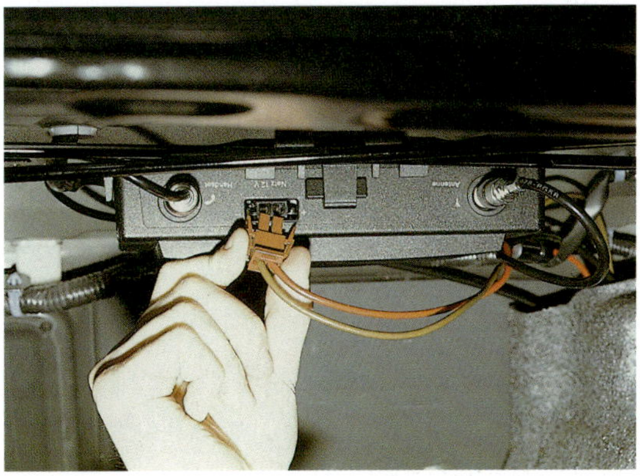

Zum Abschluß der Arbeiten werden die einzelnen Kabel an das Gerät angeschlossen

Im Motorraum dürfen keine mechanischen Abläufe oder heiße Motorteile berührt werden. Die neuen Kabel werden mittels Kabelverbinder eng an die vorhandenen angelegt. Für den Batterieanschluß versieht man die Kabelenden mit Anschlußklemmen (im Autozubehörhandel oder bei Elektronik-Versandhäusern erhältlich).

Den für die Schaltung des Autotelefons notwendigen Zündstrom nimmt man am einfachsten vom entsprechenden Kabel des Autoradios ab, das bei neueren Fahrzeugen genau gekennzeichnet ist. Ist die Identifizierung nicht eindeutig möglich, prüft man mit einem Stromprüfer bei ein- und ausgeschalteter Zündung, welches Kabel das richtige ist. Die eigentliche Verbindung wird über Abzweigverbinder hergestellt. Lüsterklemmen sind bei der Fahrzeugelektrik verpönt.

Unkompliziert ist der Anschluß der Masseverbindung. Er kann überall im Fahrzeug an der Karosserie erfolgen oder durch eine Verbindung zum Negativpol des Radios oder der Batterie. Kabelabzweigungen von anderen braunen Massekabeln sind auch möglich.

Blackbox und Booster anbringen

Die Arbeitsgänge für die Montage von Blackbox und Booster ähneln sich. Viele dieser elektronischen Bausteine werden mit separaten Montagerahmen ausgeliefert. Einige Modelle dagegen verfügen über Haltebohrungen am Gehäuse.

Blackbox und Booster sind fest am Fahrzeug zu montieren. Dies ist nicht nur aus Sicherheits- und Funktionsgründen wichtig, sondern auch für den Versicherungsschutz. Festinstalliertes Zubehör ist in der Regel bei Diebstahl über die Teilkasko abgesichert, loses hingegen nicht.

Die schwarzen Kästen montiert man am besten im Kofferraum. Hier sollte man darauf achten, daß sie bei Ladevorgängen nicht im Wege sind und den Zugang zum Ersatzreifen beziehungsweise Montagewerkzeug nicht behindern. Bei Fahrzeugen mit Fließheck montiert man die Geräte am besten unterhalb der Hutablage. Bei Kombis oder Fahrzeugen mit großer Heckklappe empfehlen sich Einbaupositionen an der Seite.

Für die eigentliche Montage werden zunächst der Rahmen an der Einbauposition angehalten und die Bohrpunkte markiert. Dazu verwendet man einen weißen Kreidestift, da solche Markierungen am besten zu sehen sind. Die Halterungen werden mit Karosserieschrauben befestigt. Der Anschluß erfolgt erst nach Ende der Montagearbeiten.

Kabelführung im Fahrzeuginneren

Straff und unsichtbar verlegen und dabei möglichst kurze Wege gehen – dadurch zeichnet sich professioneller Kabelbau im Fahrzeuginneren aus. Am besten nutzt man auch hier die Leitungswege, die der Fahrzeughersteller vorgibt. Die neuen Kabel sollten möglichst eng an die bereits vorverlegten angelegt werden. Dazu stehen zwei Techniken zur Auswahl: Das Zusammenbinden mit Klebeband und – die professionelle Lösung – das Anlegen von Kabelbindern. Sie sind in unterschiedlichen Längen und Stärken erhältlich. Nach dem Anlegen zieht man die Kabelbinder mit einer Zange an und kürzt das überstehende Kabelende mit einer Kneifzange. Profis benutzen dazu spezielle Zangen.

Wer in Bezug auf mögliche Pannen auf Nummer sicher gehen möchte, bezeichnet die Kabelverbindungen. So lassen sich später eventuelle Fehler leichter finden. Auch der Ausbau des Autotelefons bei einem Fahrzeugwechsel gestaltet sich so einfacher.

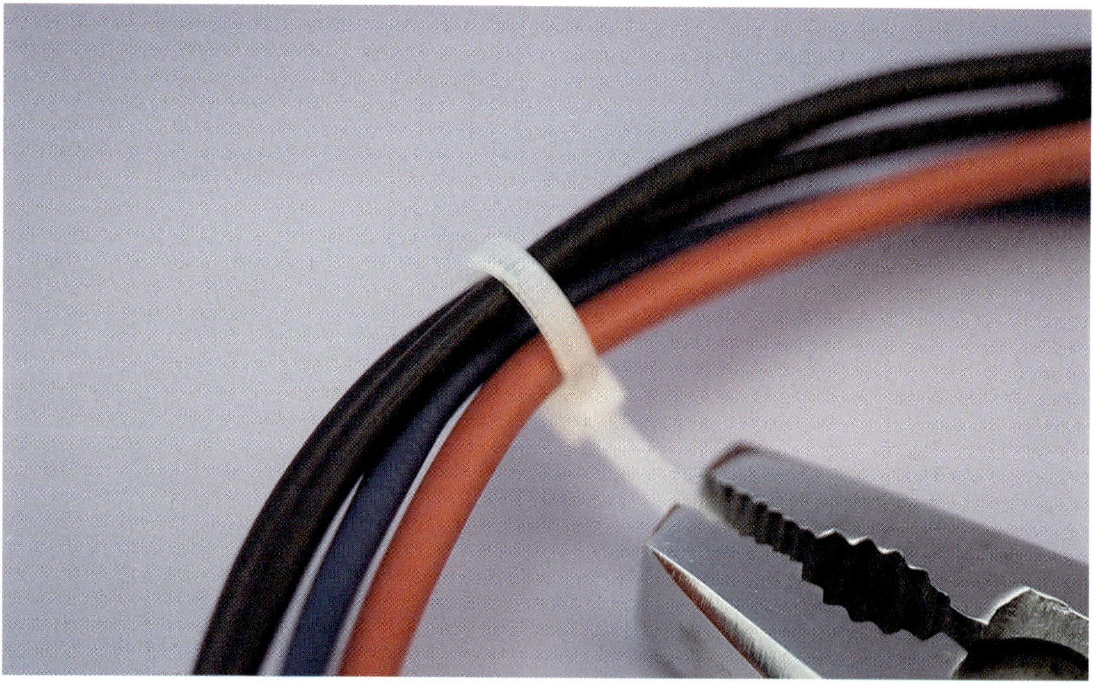

Kabelbinder schaffen Ordnung beim Verlegen der Kabel im Auto

Lose Kabelführung vermeiden

Bei Kabelarbeiten kommt dem Bereich am Armaturenbrett besondere Bedeutung zu. Vorsicht ist ganz besonders unterhalb des Lenkrads geboten. Hier muß man die Kabel besonders sorgfältig verlegen. Sonst besteht die Gefahr, daß sie sich in den Pedalen verhaken oder der Fahrer sich in zu lose verlegten Kabeln verheddert.

Die Kabel verlegt man in der Fahrzeugkabine unter Teppichen und Verkleidungen. Man muß den Teppich nicht immer lösen oder die Verkleidung demontieren. Oft reicht es, die Kabel mit einem stumpfen Werkzeug darunter zu schieben. Wer verklebte Teppiche löst, sollte sie danach mit Universalkleber wieder neu befestigen.

Der kürzeste Weg in den hinteren Fahrzeugbereich führt durch die Mitte des Fahrzeugs am Auspufftunnel entlang. Die Kabelführung setzt hier jedoch sehr umfangreiche Arbeiten voraus; so müssen Sitze herausgenommen und viel Teppichboden gelöst werden. Deshalb führt man die Kabel möglichst an der Seite nach hinten.

Dazu wird die in der Regel nur aufgesteckte Abdeckung des Türschwellers entfernt; bei einigen Modellen ist sie jedoch verschraubt. Zum Heraushebeln benutzt man einen Schraubendreher. Wenn man diesen mit Klebeband umwickelt, vermeidet man Lackkratzer oder andere Beschädigungen durch die scharfen Kanten. Unterhalb des Schwellers wird der Teppich zur Seite gedrückt und dann das Kabel verlegt. Bei geringen Kabelstärken kann man die Kabel auch innerhalb der Türgummis führen.

Das Antennenkabel des Autotelefons ist sehr empfindlich. Knicke muß man unbedingt vermeiden, da sie die Empfangseigenschaft stark beeinträchtigen können. Der Weg des Antennenkabels sollte also sehr sorgfältig geplant werden.

Bei Fahrzeugen mit Fließheck macht die Führung der Kabel von der Fahrzeugkabine in den Kofferraum oft Schwierigkeiten. Eine passende Lücke zwischen den Seiten der Rückbank und der Karosserie ist dabei immer vorhanden. Sie läßt sich am leichtesten finden, wenn man die entsprechenden Seitenverkleidungen im Kofferraum entfernt und dann dem Weg vorhandener Kabel von der Kabine in den Kofferraum folgt.

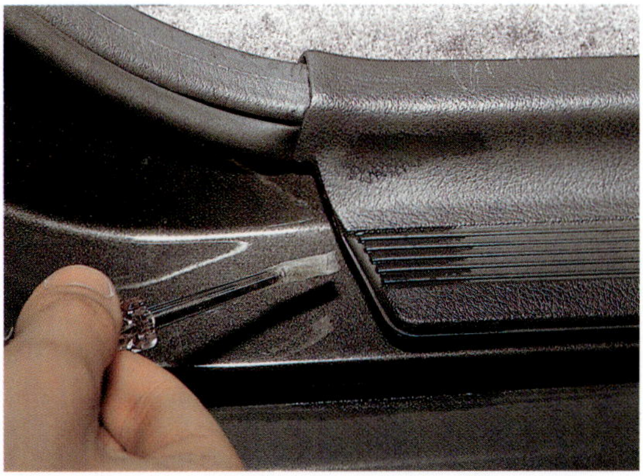

Vor dem Abhebeln der Verkleidung des Türschwellers umwickelt man den Schraubendreher, um Kratzer im Lack zu vermeiden

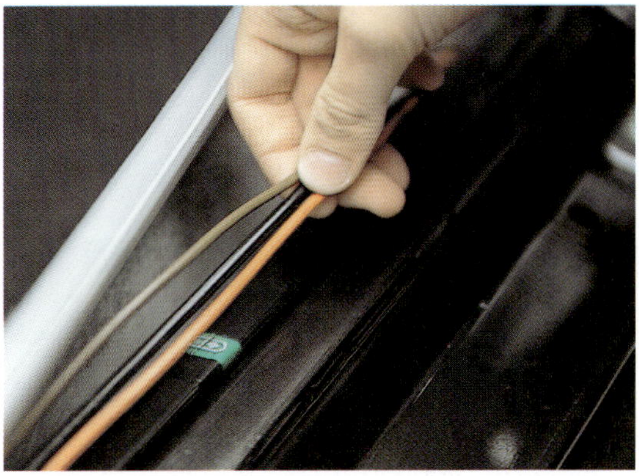

Beim Verlegen der Kabel ist darauf zu achten, daß diese nicht unnötig verdreht werden oder knicken

An den Türholmen kann man die Kabel auch versteckt in den Dichtungsgummis unterbringen

Glasklebeantenne montieren

Am einfachsten lassen sich Glasklebe-Fensterantennen montieren, da hier keine Kabelverbindung von außen ins Autoinnere gelegt werden muß. Der Montagesatz besteht in der Regel aus drei Teilen:

- Innenteil des Antennenfußes mit fünf Meter Antennenkabel
- Außenteil des Antennenfußes (Halterung für Strahler)
- Strahler

Die beiden Teile des Antennenfußes werden deckungsgleich von innen und außen auf die Scheiben geklebt. Grundsätzlich können diese Antennen auf allen nicht beweglichen Scheiben angebracht werden. Die Funktion wird dabei selbst durch getönte Scheiben nicht beeinträchtigt. Nur auf metallbedampften Scheiben funktionieren diese Antennen nicht.

Der Montageort

Da jeder Zentimeter Antennenweg die Sende- und Empfangsleistung beeinträchtigt, empfiehlt es sich, die Antenne in Nähe der Empfangsstation oder des Boosters zu montieren. Da sich diese meist im Kofferraum befinden, montiert man die Antenne üblicherweise auf der Heckscheibe oder einem hinteren Seitenfenster. Das ist allerdings nur sinnvoll, wenn die hinteren Scheiben unbeweglich sind.

Die Montage auf Ausstell- oder Heckklappenfenstern ist dagegen unproblematisch. Bedenkenswert ist, ob die Antenne bei der Verwendung von Dachaufbauten wie zum Beispiel Skibox oder Fahrradhalterung hinderlich beziehungsweise nicht funktionstüchtig sein könnte.

Bei der Wahl des Montageortes muß darauf geachtet werden, daß die Sicht nicht beeinträchtigt wird. Je höher der Montageort liegt, desto besser. Deshalb sollte man die Antennen immer am oberen Rand der Scheibe befestigen. Bei der Montage auf einer Heckscheibe darf man die Antenne nicht auf die Heizdrähte der Scheibenheizung kleben.

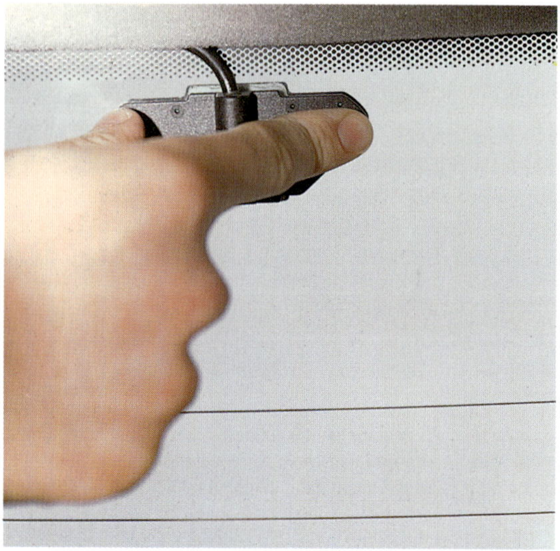

Das Innenteil der Klebeantenne wird oberhalb der Heizstäbe aufgeklebt

Die Antenne sollte aus optischen Gründen gerade und genau mittig aufgeklebt werden. Dazu mißt man die Heckscheibe mit dem Rollmaßband aus und markiert die Mitte mit einem Klebebandstreifen. Für die Montage muß die Scheibe sauber sein. Schon kleinste Staubpartikel mindern die Haftfähigkeit der selbstklebenden Folien. Deshalb liegt der Antenne oft ein spezielles Reinigungstuch bei. Damit reinigt man die Scheibe unmittelbar vor dem Aufkleben.

Die Montage beginnt man im Fahrzeuginneren. Das Innenstück wird so aufgeklebt, daß der Kabelanschluß nach oben zeigt. Es empfiehlt sich, das Kabel vor dem Aufkleben am Antennenfuß zu montieren. So erspart man sich nicht nur spätere unangenehme Fummelei, sondern kann auch erkennen, ob noch genügend Raum besteht, das Kabel am oberen Scheibenrand zu verlegen.

Ein Papierstreifen als Montagehilfe

Bei stark getönten Scheiben ist von außen oft nur schwer auszumachen, wo genau das Innenteil aufgeklebt ist. Hier hilft ein weißes Blatt Papier, das auf die Breite des Antennenfußes zurechtgeschnitten wird. Man klebt es von innen mit Klebeband gerade an den unteren Rand des Innenteils. Da das weiße Papier durchschimmert, hat man von außen einen genauen Anhaltspunkt, wo geklebt werden muß.

Nach dem Aufkleben beider Teile wird außen der Strahler aufgesteckt oder -geschraubt. Beim Verlegen des Antennenkabels kommen zwei Varianten in Frage: Bei vielen Fahrzeugen kann das Kabel am Rand der Dachverkleidung (Himmel) eingesteckt und von dort über die Seitenverkleidung zwischen Heck- und Seitenfenster zum Kofferraum geführt werden. Ist dies nicht möglich, helfen kleine selbstklebende Kabelführungen weiter, die zum Teil den Antennen beiliegen. Diese Führungen sind aber auch im Fachhandel erhältlich.

Materialliste

Carkit
Schwanenhals
Antenne mit Fuß, Strahler und Kabel
Nippelstecker
Kabel 0,8 oder 1,5 mm Durchmesser in den Farben Rot, Braun, Schwarz
Karosserieschrauben
Kabelverbinder
Abzweigklemmen
Klemmen für Batterieanschluß
Isolierte Stromverbinder
Klebeband
Evtl. Antennekabel (falls nicht im Lieferumfang von Carkit/Antenne enthalten oder zu kurz)
Papierstreifen

Werkzeugliste

Kreuz- und Schlitzschraubendreher in verschiedenen Größen
Bohrmaschine
Metallbohrer in verschiedenen Größen
Stromprüfgerät für 12 Volt
Abisolierzange
Wasserrohrzange oder Crimpzange für Stromverbinder
Rollmaß
10/13er Schlüssel für Stromanschluß an Batterie
evtl. Montagebügel zum Ausbau des Autoradios

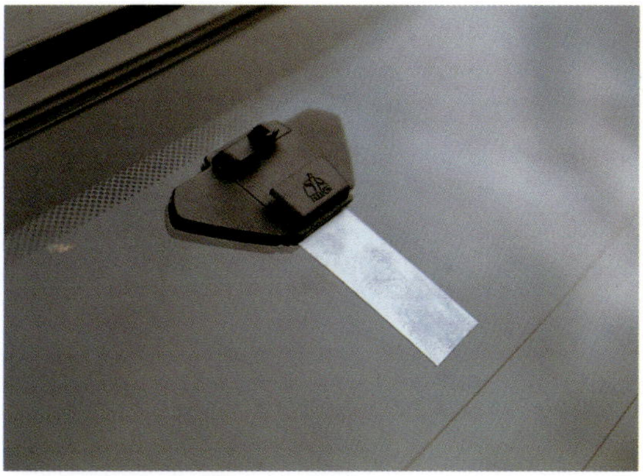

Eine Klebemarkierung hilft, auch bei getönten Scheiben die Klebeposititon des Innenteils genau zu bestimmen

Der Strahler – die eigentliche Antenne – muß nach dieser Vorarbeit dann nur noch aufgesteckt werden

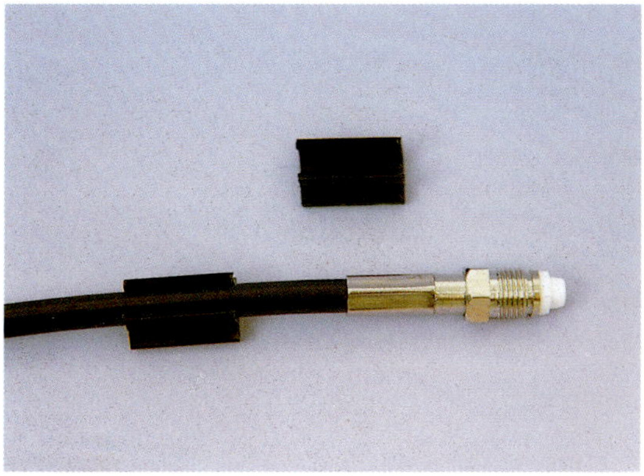

Für die Führung des Antennenkabels auf Glas gibt es spezielle, selbstklebende Führungsgummis

Hausinterne Kommunikation

Systeme der hausinternen Kommunikation werden als nichtöffentliche Netze bezeichnet. Weder ihre Benutzung noch ihr Anschluß sind gebührenpflichtig. Die Installation dürfen Privatpersonen vornehmen. Für den privaten Anwendungsbereich sind vor allem drei Formen hausinterner Kommunikation interessant. Sie zeichnen sich durch relativ günstige Anschaffungskosten und geringen Stromverbrauch aus:
- Video- und Türsprechanlagen
- Haustelefon- oder Gegensprechanlagen
- Babyphone

Außerdem gibt es spezielle nichtöffentliche Kommunikationssysteme zur gewerblichen Nutzung: Betriebsfunk (z. B. für Taxizentralen) und Personenruf (z. B. für Krankenhäuser).

Die für die hausinterne Kommunikation benötigten Geräte werden in der Regel nicht von Telefonläden angeboten. In Elektrofachgeschäften, Baumärkten und Versandhäusern wird man eher fündig. Kaufhäuser und Einkaufszentren bieten auch Gegensprechanlagen und Babyphone an.

Beim Kauf ist darauf zu achten, daß das Gerät für den deutschen Markt zugelassen ist. Besonders für Babyphone gilt wie bei allen schnurlosen Systemen: Finger weg von Angeboten mit dem Hinweis »Nur für den Export«. Diese Geräte sind nicht von der Post zugelassen und haben keine ZZF-Nummer (siehe auch Seite 9). Es sollten Geräte bevorzugt werden, die mit einem Prüfsiegel wie dem GS-Zeichen für »Geprüfte Sicherheit« ausgezeichnet sind.

Eine Haustelefonanlage dient nur der internen Kommunikation und darf nicht an das Telefonnetz angeschlossen werden

Vorsicht Strom!

Bei der Installation von internen Kommunikationsmitteln, die an das 220-Volt-Stromnetz angeschlossen werden, ist besondere Vorsicht geboten. Arbeiten am Hauptsicherungskasten dürfen nur vom Elektrofachmann vorgenommen werden. Dazu zählen vor allem folgende Installationen:
- Netzteil für eine Türsprechanlage
- Phasenkoppler oder Trägerfrequenzsperre für eine Gegensprechanlage
- Zentralschalter für Systemanlagen

Bei der Installation der Sendeeinheit eines Babyphones ist ggfs. die Steckdose mit einer zusätzlichen Kindersicherung zu sichern.

Hausinterne Telefonanlagen

Eine einfache und preiswerte Verbindung zwischen zwei Räumen schafft eine Haustelefonanlage mit zwei Sprechstellen. Diese werden über ein zweiadriges Schwachstromkabel (z. B. Telefonkabel oder Klingeldraht) miteinander verbunden. Die Sprechstellen kann man als Wand- oder Tischgerät betreiben. Die Stromversorgung erfolgt am einfachsten über Batterien. Dauerhafte Betriebssicherheit bieten aber ausschließlich Netzgeräte. Solche Haustelefonanlagen müssen kein Postzulassungszeichen tragen.

Besonders hohen Komfort im Rahmen hausinterner Kommunikation bieten Nebenstellenanlagen (siehe auch Seite 42 bis 47). Die an eine solche Anlage angeschlossenen Telefone ermöglichen untereinander gebührenfreie Gespräche.

Wenn keine Verbindung zum öffentlichen Netz besteht, dürfen – rein juristisch gesehen – nicht postzugelassene Telefonanlagen installiert und mit nicht zugelassenen drahtgebundenen Telefonen betrieben werden. Von solchen Geräten ist dennoch abzuraten, da sie keine oder nur unzureichende Betriebssicherheit gewähren. Der mittlerweile nur noch geringe Preisunterschied gegenüber zugelassenen Geräten kann die Nachteile nicht aufwiegen.

Eine Gegensprechanlage nutzt das 220-Volt-Netz zur Sprachübertragung und ist eine preiswerte Alternative zu Haustelefonen

Ein Phasenkoppler macht es möglich, eine Gegensprechanlage auch an zwei verschiedenen Stromkreisläufen zu betreiben

Babyphone sind dafür ausgelegt, den Schlaf eines Kindes zu überwachen, leisten aber auch andere Dienste

Gegensprechanlagen

Gegensprechanlagen werden auch unter dem Begriff »Drahtlose Wechselsprechanlagen« angeboten. Das Wort »drahtlos« führt allerdings in die Irre, denn diese Anlagen werden nicht per Funk betrieben. Der Begriff »drahtlos« weist vielmehr darauf hin, daß das normale 220-Volt-Stromnetz zur Übertragung genutzt wird und keine weiteren Kabelverbindungen zur Verfügung stehen müssen. Somit sind Gegensprechanlagen überall dort eine preiswerte Alternative, wo keine Telefonkabelverbindungen zwischen Räumen bestehen und die Kommunikation über teure intercomfähige Schnurlostelefone (siehe auch Seite 57) aus Kostengründen nicht in Frage kommt.

Gegensprechanlagen bestehen aus mindestens zwei Geräten, die in verschiedenen Räumen über normale Eurostecker an das Stromnetz angeschlossen werden. Damit sind sie sofort betriebsbereit. Die Geräte verfügen jeweils über eine Klingel, eine Ruf- und eine Sprechtaste, außerdem über ein Mikrophon und einen Lautsprecher sowie einen Lautstärkeregler. Durch Drücken der Ruftaste wird bei der Gegenstation ein akustisches Zeichen (Klingel) ausgelöst. Wenn man sprechen möchte, drückt man auf die Sprechtaste. Gleichzeitiges Sprechen und Hören ist nicht möglich; es kann immer nur ein Teilnehmer sprechen, während der andere hört. Komfortable Gegensprechanlagen ermöglichen den Betrieb von mehreren Geräten, die direkt angerufen werden können.

Besonders in Häusern, in denen mehrere Parteien wohnen, empfiehlt es sich, die Gegensprechanlagen abzuschirmen. Andernfalls können die eigenen Gespräche von Nachbarn mitgehört oder der Betrieb durch andere Wechselsprechanlagen-Benutzer gestört werden. Zum Abschirmen wird eine Trägerfrequenzsperre in den Sicherungskasten vor dem Hauptstromanschluß eingebaut. Die Installation einer Trägerfrequenzsperre darf ausschließlich vom Elektrofachmann vorgenommen werden, ebenso der Einbau eines Phasenkopplers. Dieser kann dann notwendig werden, wenn die Sprechstellen an getrennten Stromkreisläufen angeschlossen sind.

Babyphone

Diese Anlagen dienen der akustischen Überwachung eines Raumes. Der Name weist auf die zentrale Funktion hin: den Schlaf eines Kindes zu überwachen. Sie können aber auch bei Krankheit von Erwachsenen oder zu allgemeineren Zwecken eingesetzt werden. Babyphone sind in zwei Versionen erhältlich: als spezielle Gegensprechanlage, die das Stromnetz zur Signalübertragung nutzt, und als schnurloses System. Bei beiden wird eine Sendeeinheit im Schlafraum des Kindes installiert. Sie aktiviert das Übertragungssystem bei akustischen Signalen (z. B. Babygeschrei) oder heftigen Bewegungen. Bei der Empfangseinheit sind dann entweder die akustischen Signale hörbar oder – bei Bewegung – ein entsprechendes Geräusch.

Schnurlose Babyphone funktionieren zuverlässig auf einer Distanz bis zu fünfzig Metern. Maximalreichweiten – bis zu 300 Meter nach Herstellerangaben – werden selten störungsfrei erreicht. Schnurlose Babyphone sind nicht unumstritten; ihre Strahlung, sagen Kritiker, könne im kindlichen Organismus Gesundheitsschäden hervorrufen. Obwohl dies noch nicht empirisch belegt ist, sollte die Sendeeinheit nicht in unmittelbarer Nähe des Kindes aufgestellt werden. Sinnvoll ist ein Mindestabstand von einem Meter zum Körper.

Video- und Türsprechanlagen

Klingeln, Kommunizieren und Türöffnen – das sind die drei Aufgaben, die eine Türsprechanlage übernimmt. Diese Anlagen sind in unterschiedlichen Ausführungen erhältlich, so zum Beispiel als Video-Türsprechanlage oder als Mehrsprechanlage mit verschiedenen Tür- und Hausstationen. Eine Türsprechanlage setzt sich aus folgenden Bausteinen zusammen:

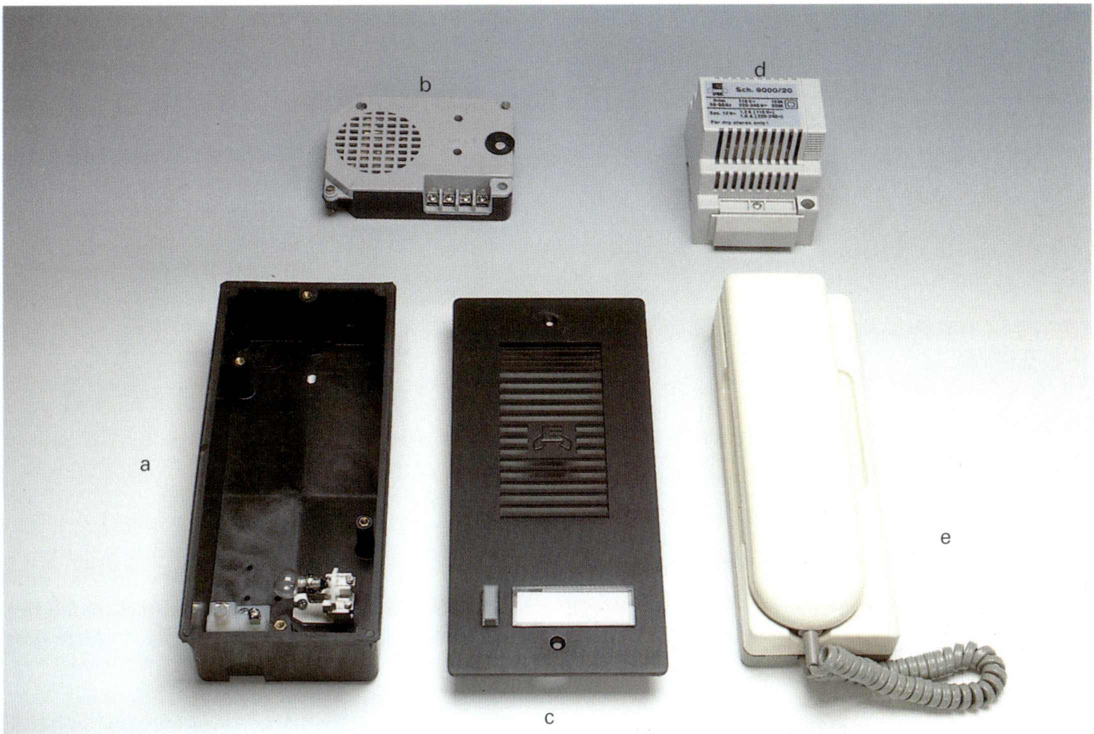

Eine Türsprechanlage besteht aus (von links) Sprecheinsatz und Netzteil (oben) sowie Unterputzdose für die Türstation, Türstation und Hausstation (unten)

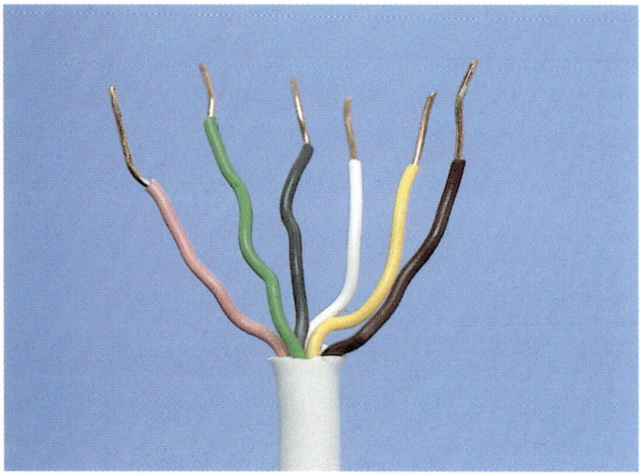

Für das Verkabeln einer Türsprechanlage sollten spezielle, mehradrige Kabel verwendet werden

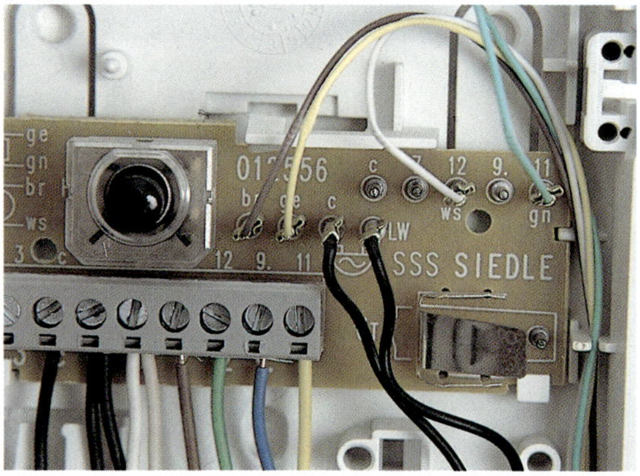

Der Anschluß einer Hausstation erfolgt an den dafür vorgesehenen Klemmen

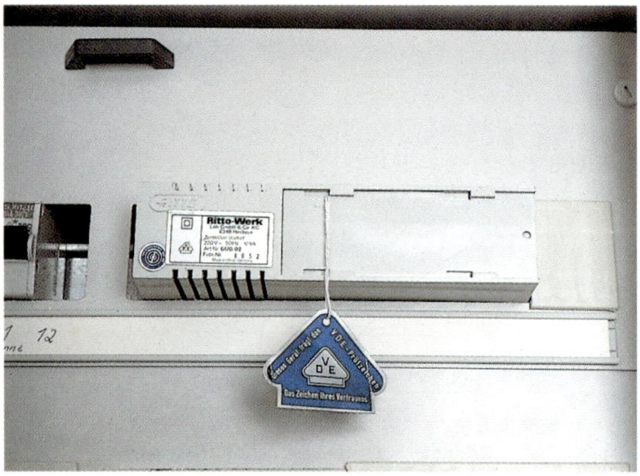

Im Hauptsicherungskasten befindet sich bei Systemanlagen ein Zentralschalter mit Netzteil

Türstation: Installationseinheit, die außen im Haustürbereich angebracht wird. Sie besteht in der Grundausstattung aus Lautsprecher, Mikrophon und Klingeltaste. Die meisten Türstationen sind außerdem mit einer kleinen Beleuchtungseinheit bestückt. Einige verfügen auch über einen Schalter zur Steuerung des Außenlichts. Bei Video-Türsprechanlagen ist in die Türstation eine Kameraeinheit integriert. Eine Infrarot-Beleuchtung sorgt dafür, daß auch bei Dunkelheit auf dem Bildschirm im Hausinneren zu erkennen ist, wer klingelt. Türstationen sind als Unter- und als Aufputzversionen erhältlich. Die Standard-Unterputzversion besteht aus einem Modulträger mit Einbaukasten, passenden Rahmen und Modulen in verschiedenen Ausführungen mit Klingel, Lautsprecher, Mikrophon, etc.

Elektrischer Türöffner: Magnetschalter, der es ermöglicht, auf elektrischem Wege eine Tür von der Hausstation aus zu öffnen. Der Türöffner besteht aus einem Türschließer und einem Netzteil. Wenn die entsprechende Taste an der Hausstation gedrückt wird, schließt der Stromkreis, und die elektrische Magnetschaltung des Türschließers gibt die Tür zum Öffnen frei.

Hausstation: Installationseinheit, die in der Wohnung angebracht wird. In der Grundversion besteht die Hausstation aus Mikrophon und Lautsprecher sowie einem Schalter zum Aktivieren des Türöffners. Sprechen und Hören sind entweder über einen Hörer oder eine Freisprecheinrichtung möglich. Komfortable Türsprechanlagen verfügen über Hörer und Freisprecheinrichtung. Der Türöffner wird entweder über einen separaten Schalter bedient oder – bei preiswerten Geräten mit Hörer – während des Sprechens mit der Türstation über einen Druck auf die Gabel des Hörers. Bei Video-Türsprechanlagen enthält die Hausstation zusätzlich einen LCD-Bildschirm, der das Kamerabild in der Türstation zeigt. Der Bildschirm wird meist beim Klingeln automatisch aktiviert. Ein Helligkeitsregler hilft, die Darstellung den Lichtverhältnissen an der Tür anzupassen. Dabei zeigt der Bildschirm auch bei Dunkelheit ein akzeptables Bild. Die integrierte Infrarot-Beleuchtung in der Türstation macht dies möglich. Der Bildschirm schaltet sich nach einem vorgegebenen Intervall selbständig ab. Außerdem wird er nach Ende eines Gesprächs über die Türsprechanlage auto-

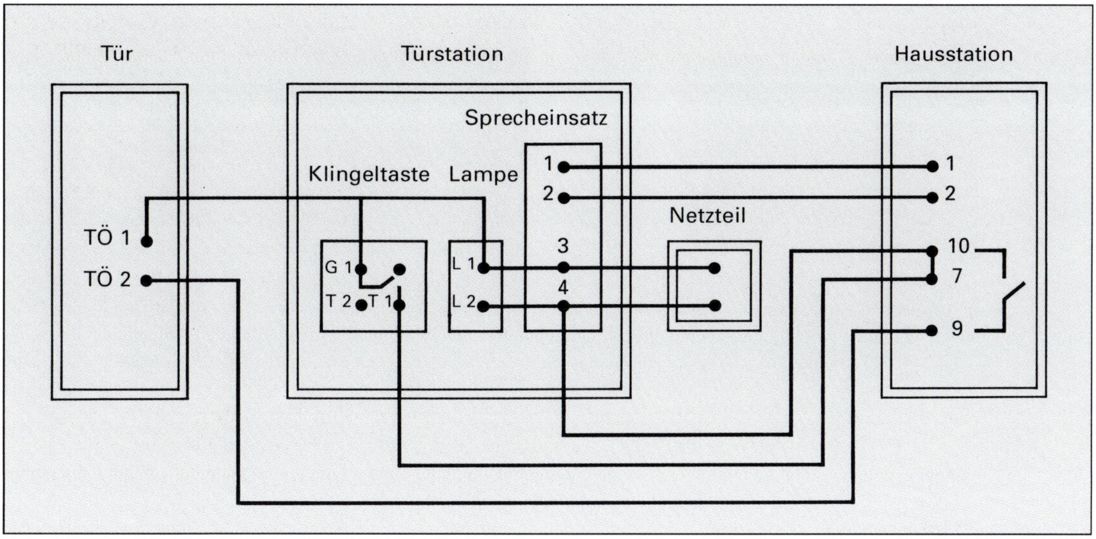

matisch ausgeschaltet. Ein weiterer Schalter an der Hausstation aktiviert den Bildschirm zu Überwachungszwecken, ohne daß dazu an der Tür geklingelt werden muß. Einige Hausstationen für Video-Türsprechanlagen sind mit einem Notrufschalter ausgestattet, über den bei Gefahr Alarm gegeben werden kann. Voraussetzung dafür ist, daß man eine Sirene oder einen anderen Alarmmelder angeschlossen hat. Eine einfache Klingel gehört zum Standard.

Klingel: Bei einer modernen Türsprechanlage ist eine Klingel in der Hausstation integriert. Fast alle Haustelefonanlagen verfügen außerdem über Anschlüsse für externe Signalgeber. Man kann darüber eine zweite Klingel – z. B. einen Türgong – anschließen, aber auch rein visuelle Signalgeber. Außerdem läßt sich oft die in der Hausstation integrierte Klingel abschalten. Beim Kauf eines externen Signalgebers ist darauf zu achten, ob für den Betrieb ein Anschluß ans Stromnetz erforderlich ist – und wenn ja, ob er beim Installationsort auch zur Verfügung steht. Von batteriebetriebenen Signalgebern ist abzuraten, da der Ladezustand nicht angezeigt wird und keine dauerhafte Betriebssicherheit gewährleistet ist.

Stromversorgung: Zwei Varianten sind möglich: der Anschluß an den Hauptsicherungskasten über ein entsprechendes Einbau-Netzteil oder über ein separates Netzteil, das in die Steckdose eingesteckt werden kann. Ein Anschluß am Hauptsicherungskasten ist vom Elektrofachmann vorzunehmen. Separate Netzteile gehören vor allem zum Lieferumfang von Aufrüstsätzen – zum Beispiel von einer Türsprechanlage zu einer Video-Türsprechanlage.

Die Kabelverbindung

Moderne Anlagen kommen für alle Funktionen mit zwei Adern aus. Ältere Türsprechanlagen benötigen mehrere, z. B. für Grundstrom, Sprechen und Hören sowie den Türöffner. Als Standardverbindung dient ein sechsadriger YR-Klingelschlauchdraht (6 x 0,8 mm). Es sind auch Kabel mit acht oder mehr Adern erhältlich. Die Handhabung vereinfachen verschiedene Aderfarben.

Die Vor- und Nachteile von Türsprechanlagen

+	Einfache Bedienung
+	Hoher Gebrauchswert
+	Geringer Anschaffungspreis
+	Keine Gebühren
+	Geringer Stromverbrauch
+	Anschlußmöglichkeit an internes Telefonnetz
–	Anwendungen beschränkt
–	Komplizierter Leitungsbau

Bei einem Anschluß einer zusätzlichen Klingel ist darauf zu achten, wie diese mit Strom versorgt wird

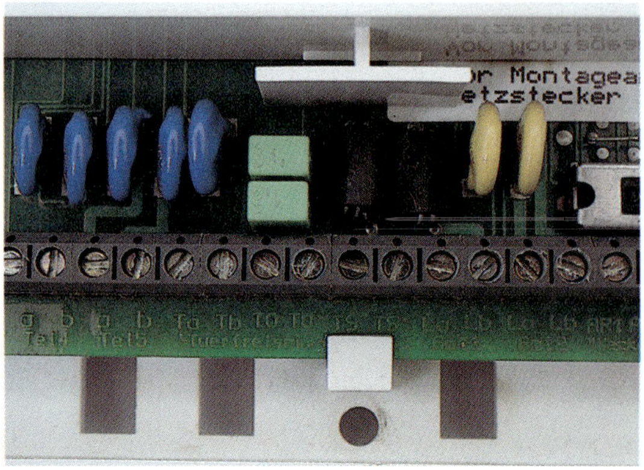

Türfreisprecher und Türöffner können an vielen Nebenstellenanlagen angeschlossen werden

Erstinstallation einer Türsprechanlage

Türsprechanlagen sind normalerweise keine Einzelprodukte, sondern sie werden von den Herstellern als Systeme angeboten, die aus mehreren verschiedenen Komponenten bestehen. So ist es möglich, maßgeschneiderte Lösungen z. B. für den Betrieb von zwei Türstationen, einem Türöffner und drei Hausstationen zu realisieren.

Die schwierigste Aufgabe im Rahmen einer Installation ist die vorherige Planung der Leitungswege und der korrekte Anschluß aller Kabel. Hier liefern die Hersteller von Systemanlagen genaue Schaltpläne, die die Planung vereinfachen. Herzstück von solchen Systemanlagen sind Zentralverstärker, die im Sicherungskasten eingebaut werden. Alle Tür- und Hausstationen werden dabei über sechsadrige Klingelschlauchdrähte mit diesem zentralen Element verbunden. Genaue Zuweisungen von Kabelfarben und numerische Benennung der Anschlußstellen vereinfachen den Anschluß erheblich.

Die Installation einer herkömmlichen Türsprechanlage mit einer Hausstation, einer Türstation sowie einem elektrischen Türöffner kann man selber vornehmen. Man benötigt dazu:

- Unter- oder Aufputzdose für die Montage der Türstation
- Sprechmodul für die Türstation mit Lautsprecher und Mikrophon
- Frontplatte für die Türstation mit Klingel und Klingelbeleuchtung
- Netzteil
- Hausstation
- sechsadriges Klingelkabel und zweiadriges Stromkabel

Am einfachsten gestaltet sich in der Regel die Montage der Hausstation, da es sich hier immer um ein Aufputzgehäuse handelt. Die Montage der gängigen Unterputzdose der Türstation setzt hingegen Mauerarbeiten voraus. Auch die Verkabelung ist nicht ohne größeren Aufwand zu bewerkstelligen.

Die gesamte Türsprechanlage wird über die Türstation mit Strom versorgt. Dazu läßt man von einem Elektrofachmann das Netzteil im Hauptsicherungskasten anbringen. Über zwei Schwachstromleitungen (man kann also auch Klingeldraht verwenden) leitet man den Strom zur Türstation.

Eine zweiadrige Verbindung zwischen Tür- und Hausstation ermöglicht Sprechen und Hören. Die Schaltkreise der Klingel und des Türöffners sind miteinander gekoppelt. Vom Türöffner führt je eine Verbindung zur Tür- und zur Hausstation. Den Schaltkreis komplettieren zwei weitere Verbindungen von Tür- und Hausstation, über die auch die Klingel aktiviert wird (siehe auch Abbildung oben).

Klingelanlage zur Türsprechanlage umrüsten

Die moderne Zweidrahttechnik macht es möglich, ohne allzu großen Aufwand über die Verdrahtung einer einfachen Klingel eine simple Türsprechanlage zu installieren. Dafür sind im Handel spezielle Bausätze erhältlich. Sie beinhalten die Tür- und Hausstation sowie ein Netzteil.

Die Türstation wird anstelle des Klingelknopfes angebracht. Die Montage fällt leicht, da die Türstation einfach auf Putz montiert wird. Die Signalübertragung zur Hausstation erfolgt über die zwei Adern der alten Klingelanlage. Die Hausstation sollte in der Nähe einer Stromquelle angebracht werden, da sie zum Betrieb 6 Volt Schwachstrom benötigt. Diese Stromversorgung kann man zwar über Batterien herstellen; langfristige Betriebssicherheit gewährleistet hingegen nur ein entsprechendes Netzgerät. Die alte Klingel wird nicht mehr benötigt. In der Hausstation der Türsprechanlage ist ein Signalgeber integriert.

Betrieb einer Türsprechanlage an einer Nebenstellenanlage

An viele Nebenstellenanlagen kann man auch Türsprechanlagen anschließen (siehe Seite 43). Dabei wird die als »Sprechen und Hören« gekennzeichnete, zweiadrige Verbindung der Türsprechanlage an die Nebenstellenanlage angelegt. Der Anschluß erfolgt an die dafür gekennzeichneten Klemmen.

Einige Türsprechanlagen arbeiten mit drei- bis vieradrigen Verbindungen. In diesem Fall muß ein Postverstärkermodul (als Zusatzgerät erhältlich) zwischengeschaltet werden. Aufschluß, ob ein solches Modul erforderlich ist, gibt die Installationsanleitung der Türsprechanlage.

In der Regel können bei Telefonanlagen mit Anschlußmöglichkeiten für Türsprechanlagen auch die Anschlüsse für den Türöffner angelegt werden. Dann läßt sich der Türöffner über die Telefone der Nebenstellenanlage auslösen.

Eine Video-Türsprechanlage kann problemlos nachträglich installiert werden

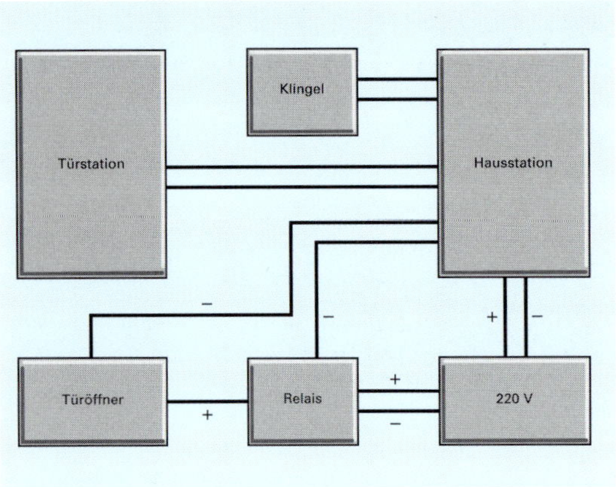

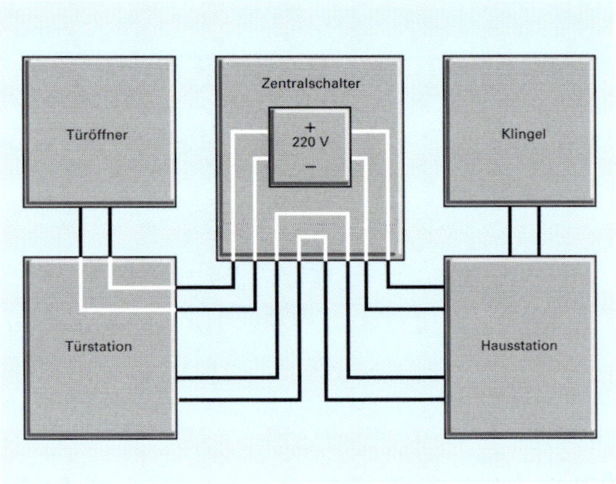

Nach dem Anschluß ersetzen alle an die Nebenstellenanlage angeschlossenen Telefone die Hausstation. Das Klingeln an der Haustür wird als besonderes Tonrufzeichen an den Telefonen signalisiert. Der Türstation ist dabei eine bestimmte interne Rufnummer zugewiesen. Durch Wählen dieser Nummer kann mit der Person an der Türstation kommuniziert werden. Durch Wählen einer weiteren Rufnummer wird dann mit einem vorgegebenen Intervall der Türöffner betätigt.

Video-Türsprechanlage nachträglich installieren

Früher waren aufwendige Schaltungen und umfangreiche Kabelarbeiten notwendig, um eine visuelle Verbindung zwischen Türkamera und Kontrollmonitor zu schaffen sowie die wichtigen Funktionen wie Klingeln, Gegensprechen und Türöffnen zu gewährleisten. Die moderne Zweidrahttechnik macht es heute hingegen einfach, Video-Türsprechanlagen nachträglich zu installieren. Selbst eine einfache Klingelanlage läßt sich ohne aufwendige Kabelverlegung und Mauerarbeiten nachträglich in eine Video-Türsprechanlage umwandeln.

Schaltung

Grundsätzlich ist die Schaltung einfach: Türstation und Hausstation sind über zwei Adern miteinander verbunden. Dazu können dieselben Drähte genutzt werden, wie sie für eine bestehende Klingel- oder Gegensprechanlage vorhanden sind. Die Hausstation ist zudem über ein Netzgerät, das in eine Steckdose eingesteckt wird, mit dem 220-Volt-Stromnetz verbunden.

Alle Video-Türsprechanlagen verfügen über einen Schalter zum Aktivieren eines Türöffners. Dieser Türöffner erhält keinen Strom vom Netzteil der Hausstation; er benötigt eine separate Stromversorgung. Die Taste an der Hausstation erfüllt nur die Funktion »Ein/Aus«. Zur Stromversorgung des Türöffners nutzt man am besten die vorhandene Zuleitung vom Netzteil im Hauptsicherungskasten. Vorsicht ist bei der Nutzung der Leitungswege einer Systemanlage mit Türöffner angebracht, deren Leitungen zentral im Hauptsicherungskasten zusammenlaufen. Dann gibt es bei der vorhandenen Anlage nämlich keine direkte Verbindung zwischen Tür- und Hausstation. Nach dem Entfernen der Abdeckungen von Tür- und Hausstation scheint man zwar aufgrund der gleichen Kabelfarben eine direkte Verbindung zu sehen. Dies ist jedoch nicht der Fall.

Die Kabelwege sehen so aus: Beide Adern des Öffners in der Tür laufen in die Türstation. Von dort gehen fünf Adern zum Netzteil im Hauptsicherungskasten. Dort kommen fünf weitere Adern von der Hausstation an. Alle zehn Adern sind direkt an das Netzteil angeschlossen. Bevor man die Anschlüsse am zentralen Netzteil löst, sucht man die stromführenden Kabel für den Türöffner. Dazu entfernt man die Abdeckung der Türstation. Hier kommen fünf Kabel vom Netz-

Am einfachsten gestaltet sich die Montage der Türstation, wenn sie an der gleichen Position wie die alte montiert werden kann

Bevor die Kabel der alten Türstation abmontiert werden, sollte man prüfen, welche Kabel Strom führen und welche nicht

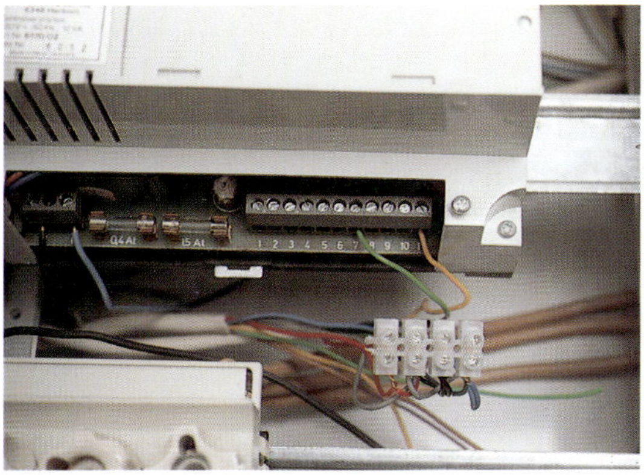

Beim Umrüsten einer alten Systemanlage werden bis auf die Stromanschlüsse alle Kabel am Zentralschalter abgenommen

Das Halteblech für die neue Türstation wird genau eingepaßt. Dazu feilt man die Kanten sorgfältig ab

Das Halteblech wird anschließend mit Sprühlack in einer zur Anlage passenden Farbe lackiert

Damit das Blech gut befestigt werden kann, muß es die gleichen Befestigungsbohrungen wie die alte Türstation erhalten

Zum Abschluß der Arbeiten an der Türstation wird diese dann auf der Halteplatte festgeschraubt

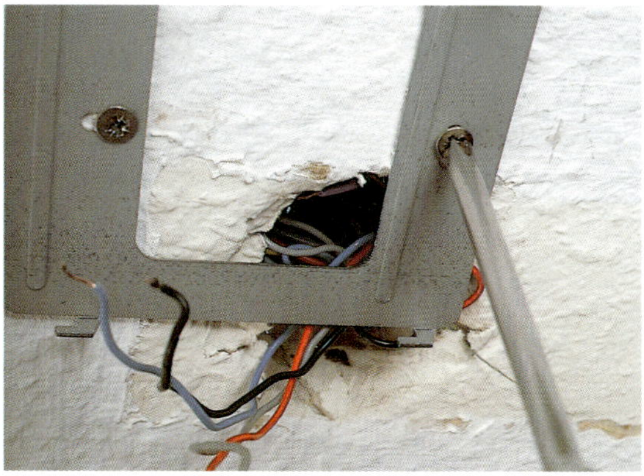

Zur Installation der Hausstation muß zunächst die mitgelieferte Halterung angebracht werden

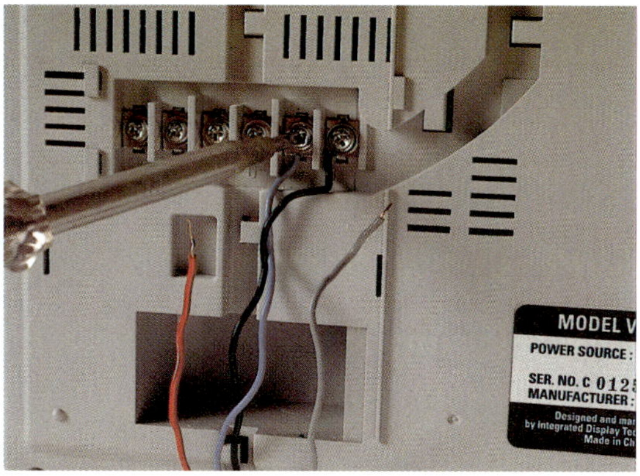

An der Hausstation werden die Stromkabel, die Verbindungen zur Türstation und die für den Türöffner angelegt

Wenn die Tapete vorsichtig aufgeschnitten und gelöst wird, muß anschließend nicht neu tapeziert werden

Um die Kabel unter Putz legen zu können, wird eine entsprechende Vertiefung in die Wand eingeritzt

Für das Unterbringen des Netzteils unter Putz wird ein ausreichend großes, eigenes Loch ausgestemmt

Beim Einsetzen des Netzteils ist unbedingt darauf zu achten, daß dieses genug belüftet wird (links)

Das Stromkabel wird zum Schluß unter Gips gelegt und die Wand abschließend noch geglättet (rechts)

teil im Schaltkasten an. Mit einem Multimeter, das auch Schwachstrom anzeigt, ermittelt man die zwei Zuleitungen, die den Strom zuführen. Danach löst man bis auf diese beiden alle Adern am zentralen Netzteil. Über Lüsterklemmen werden nun drei direkte Verbindungen zwischen Tür- und Hausstation hergestellt – zwei für die Video-Türsprechanlage mit Klingel sowie eine für den Stromkreislauf des Türöffners. Dann löst man eine der beiden stromführenden Adern und führt sie statt zur Türstation zur Hausstation.

Bei Tür- und Hausstation kommen also je vier Zuleitungen an. Während die vier Adern an der Hausstation direkt an diese angelegt werden, führt man die zwei Verbindungen für den Türöffner von der Türstation zur Tür weiter. Nur zwei Adern werden direkt an der Türstation angelegt.

Installation der Türstation

Damit Video-Türsprechanlagen sinnvoll funktionieren, muß die Kamera mit ihrem Weitwinkel-Objektiv die Person oder Personen vor der Haustür voll erfassen können. Deshalb sollte die Türstation in einer Höhe von rund 1,5 Metern installiert werden. Dann kann man von der Hausstation aus sowohl lange Menschen als auch Kinder auf dem Bildschirm sehen. Sinnvoll ist weiterhin, die Türstation in einem abgeschatteten Bereich anzubringen. So liefert die Anlage selbst bei grellem Tageslicht gute Bilder. Ideal ist es, wenn die neue Türstation an derselben Position wie die bereits vorhandene montiert werden kann – aufwendige Kabelarbeiten entfallen.

Türstationen von Video-Türsprechanlagen zur nachträglichen Installation werden meistens in Aufputzversionen geliefert. Herkömmliche Türstationen hingegen sind als Unterputzversionen in das Mauerwerk versenkt. Bei einer perfekten Installation wechselt man die Abdeckung mit Klingeltaste gegen ein passendes Blindmodul des Herstellers aus. Preiswerter ist es, ein passendes Blech selbst herzustellen. Das grob zu-

Um Nachrichten an der Haustür hinterlassen zu können, gibt es spezielle Geräte, sogenannte »Anklingelbeantworter«

geschnittene Blech wird mit einer Feile genau passend geschliffen. Dann überträgt man die Positionen der Haltebohrungen von der ursprünglichen Abdeckung auf die neue Platte. Außerdem werden die Bohrpositionen für den Halterahmen der Video-Türstation markiert. Nach Ausführung der Bohrungen lackiert man das Abdeckblech in einer passenden Farbe. Schließlich nimmt man die Verdrahtung der Kabel vor, montiert das Blech und anschließend die Video-Türstation.

Installation der Hausstation

Die Installation der neuen Hausstation an der Position der alten ist am einfachsten. Dann fallen keine neuen Kabelwege für die interne Schaltung der Sprechanlage an. Die Türstation wird an einer Halterung angebracht, die mit zwei Schrauben an der Wand befestigt wird. Dazu müssen zwei Löcher für Dübel gebohrt werden. Dann montiert man die Halterung, schließt die Kabel an und hängt die Hausstation in die Halterung. Für den Betrieb muß nun lediglich noch das Netzteil mit Strom versorgt werden.

Stromkabel unter Putz

Eleganter ist es, diese Kabel unter Putz zu legen. Das fällt leicht, wenn sich in der Nähe der Türstation ein Stromanschluß befindet. Mit einem kleinen Meißel wird zuerst eine Ritze für den Kabelweg von der Hausstation zum Einbauort des Netzteils und/oder Stromanschluß geschaffen. Verlegt man das Netzteil unter Putz, muß eine ausreichend große Vertiefung aufgestemmt werden. Ideal ist es, wenn das Netzteil in eine leere Unterputzdose eingebaut werden kann, denn so wird die ausreichende Belüftung des Netzteils sichergestellt. Bevor man die Kabel in Gips legt, sollten sie exakt auf die benötigte Länge gekürzt werden. Nach Ende der Mauerarbeiten wird neu tapeziert und gestrichen sowie schließlich die Hausstation endgültig angebracht.

Achtung! Vorsicht!

Vor Mauerarbeiten und einem direkten Anschluß an das Stromnetz unbedingt Sicherung herausdrehen!

Türsprechanlage optimieren

Ein echtes Extra ist die Möglichkeit, Besucher auf Band sprechen zu lassen, wenn niemand zu Hause ist. Zwei Wege stehen für einen solchen professionellen »Anklingelbeantworter« an der Haustür offen: der Kauf eines speziellen Gerätes oder die Verbindung mit einem normalen Anrufbeantworter.

Spezialgeräte wie der BayButler lassen sich einfach montieren und handhaben. Sie werden in Aufputzversion geliefert und außen direkt neben der Türstation oder der Klingel installiert. Eine LCD-Leuchte zeigt die Betriebsbereitschaft an. Das Gerät erinnert an eine Kombination aus Anrufbeantworter und Cassettenrekorder. Auf Knopfdruck kann der Besucher eine aufgesprochene Nachricht abhören oder eine Nachricht hinterlassen. Dazu muß er eine Aufnahmetaste drücken. Ein eingebauter Verstärker ermöglicht später dann die Wiedergabe. Die Stromversorgung erfolgt über die Türsprechanlage.

Der Betrieb eines normalen Anrufbeantworters in der Funktion eines »Anklingelbeantworters« ist nur möglich, wenn die Türsprechanlage an eine Nebenstellenanlage angeschlossen ist und dort auch ein Anrufbeantworter betriebsbereit ist. Die Anzahl der Klingelzeichen, die zum Einschalten des Anrufbeantworters führen, wird dann an die Tonruffolge des Klingelsignals der Türstation angeglichen.

Wenn z. B. beim Klingeln an der Haustür die Nebenstellenanlage an den Telefonen vier kurze Tonrufzeichen ertönen läßt, wird auch der Anrufbeantworter auf Einschaltung nach viermaligem Klingeln programmiert. Schließlich muß die Nebenstellenanlage so programmiert werden, daß sie nicht nur Anrufe vom Telefonnetz, sondern auch solche von der Türsprechstelle an den Anrufbeantworter weiterleitet (siehe Programmieranleitung Telefonanlage).

Register

In der bei vielen Selbermachern beliebten FALKEN-Serie DO-IT-YOURSELF sind unter anderem erschienen:

»Betonieren, Mauern, Fliesen« (Nr. 1159)
»Elektrogeräte reparieren« (Nr. 1160)
»Holzspielzeug« (Nr. 1163)
»Badezimmer renovieren« (Nr. 1199)
»Autoreparaturen« (Nr. 1211)
»Lichteffekte mit Halogen« (Nr. 1237)
»Technik im Garten« (Nr. 1238)
»HiFi-Boxen« (Nr. 1307)
»Alarmanlagen für Wohnung, Haus, Auto« (Nr. 1308)
»Möbel im Designerstil entwerfen und bauen« (Nr. 1360)
»Modellbau« (Nr. 1361)
»Möbel für KInderzimmer und Wohnbereich« (Nr. 1456)
»Solarstromanlagen bauen und installieren« (Nr. 1457)
»Mountainbike-Reparaturen« (Nr. 1505)
»Musikelektronik für Studio und Bühne« (Nr. 1584)
»Befestigungstechnik. Dübeln, Schrauben, Nieten, Tackern, Kleben« (Nr. 1599)

ISBN 3 8068 1419 8

Umschlaggestaltung: Andreas Jacobsen
Titelbild: KONTRAST fotodesign, Frankfurt a. M.
Nachauflagenredaktion: Konrad Haase
Fotos: Medien-Kommunikation Tobias Pehle, Unna, mit Ausnahme von S. 2, 10 (**Telekom**, Bonn), S. 11 M., 14, 27, 40, 50 u., 63 o., 64 M. (**Siemens**), S. 15 o., 50 o., 65 (**Hagenuk**), S. 15 u. (**Assmann/Uher**), S. 25, 37 (**Tiptel**), S. 4, 28 l., 62 (**Philips**), S. 28 r. (**Panasonic**), S. 42 (**Ascom**), S. 48 (**Alcatel**), S. 64 o. (**Motorola**), S. 66 (**Bosch**), S. 67 (**AEG**), S. 82 (**Siedle**).
Assistenz: Sascha Schürmann, Andi Noll
Der Autor bedankt sich für ihre Mitarbeit bei Mathias Gajewski, Yara Hackstein, Reinhold Pehle
Zeichnungen: Gerhard Wawra, Wiesbaden (Seiten 17, 44); **HEADLINE**, Iserlohn (Seiten 49, 52, 53, 55, 56, 57, 58, 59, 60, 73, 74, 90)

Redaktion, Herstellung und Satz: VerlagsService
Dr. Helmut Neuberger & Karl Schaumann GmbH, Heimstetten
Druck: Ernst Uhl, Radolfzell

817 2635 4453